情色昆蟲記

昆蟲世界的愛情兵法

朱耀沂◎著
薛文蓉◎繪圖

目錄

【第四篇】五花八門的交尾

【推薦序】

「偷窺」昆蟲的情色世界

幾天前，朱耀沂教授十萬火急找我去他辦公室，交代我要替他的新書寫序。當下心裡想著：「老師也未免太勤快了，現在出書的速度已遠遠超過我的讀書速度。」但是老師交代又不能不辦，而且能讓我寫序是無上光榮，他可是金鼎獎最佳著作人獎得主，只好先答應再問些詳情。他以不標準的國語說出他的新書名稱為「禽獸昆蟲學」，乍聽之下，我以為是寫一本有關環繞在牛豬馬雞等各類動物周邊的昆蟲書。哪想到二日後收到稿子，才赫然發現是「情色昆蟲記」，而非聽錯的「禽獸昆蟲學」。顯然朱教授仍可掌握社會的脈動，畢竟「情色」較「禽獸」吸引人了，讀者群勢必打破十八歲的界限，讓那些情慾初開的青少年，臉紅害羞地看個不停。

雖說「食色，性也」（《孟子．告子上》），但自古以來，人們受到道德倫常的規範、洗禮，面對食、色的生理本能，都能有所節制，在分寸拿捏之間，不致以獸性為本。對那些未曾被禮法教化過的微小禽獸——昆蟲，「食色性也」卻是生命的終極目標，凡事以傳宗接代為最高指導原則。「食」只為了能生長至性成熟期，「色」就是繁衍後代，「食」與「色」指的都是同一目標。因此我們很容易就能掌握這些微小禽獸的想法與作法，一切向「色」看齊。

本書秉持著朱教授一向的作事風格，明快而精確地切入「情色」的本質，從精子與卵的分野，及其所衍生的雌雄生殖器官的分歧，談到昆蟲多采多姿的配偶找尋策略、五花八門的交配行爲，赤裸裸地呈現昆蟲性愛的眞諦——傳宗接代，一層層解開昆蟲那繁瑣欺騙僞裝的面紗。朱教授宛如昆蟲的魔法師，揮舞著魔法棒，讓一對對或一群群「性飢渴」的昆蟲，在我們眼前展開性愛的追逐。那說故事式的文字，隨著昆蟲的舞動，在我們腦海中跳躍著，讓我們的想像空間無限擴大，經歷一場又興奮又刺激的昆蟲性愛偷窺秀。在了解牠們千奇百怪性愛花招所隱含的功能與意義之後，我們不禁要讚嘆造物者的巧思，也爲朱教授的巧妙代言而喝采。

「情色」世界充滿著興奮與快樂，但是性愛也是責任與負擔的開始。雖然只有少數種類的昆蟲，會有親代照顧的行爲，但是爲了確保卵的安全與後代的存活，雌蟲在選擇產卵的地點或方式，無不煞費苦心，不但從實際需求著手，也因爲長期演化進階至作者所聲稱的產卵的「藝術」階段。閱讀本書第五篇有關產卵的單元，我們會對此微小動物肅然起敬。在激烈刺激的交配之後，雌蟲以種種方式，提供其後代安全且食物多的環境，即使無法親自照顧後代，但也能達到保護之實。至於親代照顧卵及幼蟲的現象，作者在第六篇也多所著墨，援引各種實例，點明親蟲之愛，讓此「冷血」動物，頓時變得和藹可親起來。作者的博學多聞，在此展露無疑。

超過一百萬種的昆蟲是地球上最強勢的動物，無所不在。少數的種類，因爲與人爭食物或是以人爲食物，而成爲「害蟲」，是我們欲除之而後快的對象。昆蟲學家很早就懂得利用昆蟲的情色行爲，趁其專注於性愛世界而無心他顧時，將牠們尋找配偶所用的訊號加以轉化利用，讓牠們宛如進入迷宮一般，無法順利找到對象，或是利用雄蟲的太監戰法（不孕雄蟲），希望達到去除害蟲的目的（第七篇）。這種「以其蟲之道，還治其蟲之身」的害蟲防治，也正是朱教授終生的職志，不過由於它的內容實在太專業，也與本書主題「情色行爲」的目的相左，因此他只點到爲止，使讀者不致陷入焚琴煮鶴的反感。

綜觀全書，朱教授不僅以簡潔風趣的筆調，將昆蟲的情色世界生動地呈現在我們眼前，也用專業的知識，給了這些影像豐富剴切的旁白，讓我們在看熱鬧的同時，也漸漸看出了門道。我想這是作者最想達到的目的。

國立台灣大學昆蟲學系系主任

李後晶

【作者序】

進入昆蟲的情色世界

和多數人一樣，我在唸小學時或許更早以前，就有男女之別的概念，成長過程中對異性及兩性關係充滿好奇，但眞正從生物學的立場關心這個問題，大約是二十多年前的事吧。當時台灣爲了防治農業的大害蟲東方果實蠅，一些專家著手進行所謂的「不妊性防治法」的工作，也就是利用放射線使雄蟲失去生殖能力後，釋放於野外，讓牠與雌蟲交尾。與不妊性雄蟲交尾的雌蟲只能產下不能孵化的不受精卵，後代數目也就因而減少（詳細情形可參考本書第七篇的〈不妊性雄蟲的釋放法〉）。雖然我沒有直接參與這項防治工作，但在多次會議中被徵詢對這項工作的看法與展望，因此也著手閱讀了一些有關的資料，逐漸深入昆蟲的情色世界。

什麼叫做「情色」？意思其實和色情大致相同，然而聽起來較文雅些。就一般動物來說，自尋偶至交尾這一段生活，就是牠們的「情色行爲」時期。

包括昆蟲在內，所有動物的存活，都是以繁衍爲最終目標的，換句話說，都在「爲情色而戰」。不管是雄性或雌性，爲了此事都費盡心血，而且極盡所能地相互配合，但有時由於利害的衝突，也有彼此格鬥、競爭的一面。也因爲這樣，它成爲動物整個生活史中最有看頭的部分，我比較熟悉的昆蟲也不例外。

以昆蟲來看，單純的「情色」部分，或許在「尋偶」與「交尾」完就結束了，但爲了留下更多自己的後代，還有「產卵」以及產卵前或產卵後親代照顧的重頭戲。換句話說，有了「產卵」及「親代的照顧」，才能留下後代，才可達到情色行爲的目的，因此我在書中也介紹了這個部分。雖然在動物學上，關於「尋偶」、「交尾」、「產卵」、「親代的照顧」等，都有明確的定義，但實際上動物爲了「交尾」而「尋偶」，爲了「產卵」而「交尾」，讓「產卵」得到良好的後果才有「親代的照顧」，彼此間的關係是密不可分的。在介紹一種昆蟲的情色生態時，若硬性將它歸屬於其中某一行爲，多少有以偏概全之嫌，而且容易略過各個行爲間的巧妙環節。因此，爲了說明其中的來龍去脈，本書某些部分在敘述上略有重複，例如在「產卵」篇的單元中提及「尋偶」、「交尾」，甚至「親代的照顧」，此點還請讀者見諒。

本書最後一篇「應用」部分，雖然只介紹三個單元，而且爲了避免太專業，僅做點到爲止的介紹，但細心的讀者還是能窺知，在一種趣味性或純學術性的研究中略爲動動腦筋，或者從另一角度多加考量，也可以發掘出莫大的應用價值。事實上，現代的應用科學或技術大多是從看似沒什麼利用價值的現象發展的。

昆蟲世界的情色現象五花八門，本書只能作片斷式的介紹，冀願大家能從這些點點滴滴的描述出發，走進大自然，自己去觀察昆蟲的行爲及生活，記下你自己的「情色昆蟲記」。

朱耀沂

【第一篇】

從伊甸園內說起

當我們捉到一隻昆蟲，通常先關心牠是什麼蟲，是公的還是母的。確實，大多數生物都有雄雌之別，在生物學上，雌、雄生殖器官分別生長在各自獨立的個體上，這種現象叫做雌雄異體；雌、雄結合後，生產後代的繁殖方式稱為有性生殖。凡是雌雄異體的生物，都是因為雌雄有別，才有多采多姿的情色行為的，因此我們就從「雌」和「雄」的定義，也就是最基本的問題談起。

生物界雌雄角色的扮演

大多數的植物，生殖器就是花朵，花朵中有雄蕊和雌蕊，雄蕊負責製造花粉，花粉傳到雌蕊的柱頭，柱頭下面的子房就逐漸發育成果實，子房內的胚珠再發育成種子。例如百合，花朵中有雄蕊和雌蕊，叫做兩性花，也就是雌雄同體的花。顯花植物中，許多都是雌雄同體。當然，植物中也有雌雄異株的種類，只是現在已較少看到，最典型的就是木瓜，會結果的是雌株，雄株有著長長花柄，會開花但不結果。

其實不只植物，動物界也不乏雌雄同體的例子，例如海綿、馬蟥（水蛭）、蚯蚓、蝸牛、蛞蝓等。蚯蚓、蝸牛體內雖具備雌雄兩種生殖器，但不會自行結合體內的生殖細胞（精子或卵子），形成受精卵，必須另覓夥伴來生產後代。這種情形也見於具有兩性花的植物，它們也不願把自己的花粉直接接到花朵的雌蕊柱頭，反倒引誘昆蟲，把花粉送到另一朵花的雌蕊上。風媒花則利用空氣的流動，來散布大量花粉，將花粉送到另一棵樹的花上，松、杉等樹木屬之。

這些生物為何不就近結合自己體內或同一朵花中的生殖細胞呢？簡單地說，同體受精或同體受粉，就像近緣交配一樣，常為後代帶來許多不良後果，為了避免這種情形，只好捨近求遠、大費周章地另尋交配對象。

同體受精的缺點，源自於生物體中往往都隱藏著一些不利自身存活的

兩種雌雄同體的蝸牛正在交尾

遺傳基因。這些不良基因在染色體上的位置，依個體不同而有差異，在遺傳學上多屬於隱性，通常不致影響到該生物的存活及發育；但當結合雙方的血緣關係愈近，甚至是同體受精時，兩個隱性且相同特性的不良基因可能碰在一起、表現出不良後果的機率也愈高。因此，這也是人類法律禁止近親結婚的最大理由。

那麼，爲何仍有雌雄同體的生物？爲何所有的生物不都是雌雄異體？原因應與求偶的難易有關。大體來說，動物與植物的最大差異，是植物缺乏移動能力，必須依靠風力、昆蟲等來媒介花粉。但對動物而言，尤其雌雄異體的動物，在其生活範圍裡，有一半的同類是異性，進行異體交尾的機會相當大。

一般動物如狗、貓，都有公狗母狗、公貓母貓之別，大多數的昆蟲也一樣，都是雌雄異體。然而，海綿是完全定居性、無法移動的動物，蚯蚓、蝸牛的移動能力不佳，且棲息密度通常不高，遇到自己同類的機會不大，即使難得遇上，不巧又遇到同性，那就完全失去交配繁殖的機會。爲了解決這種侷限，牠們形成雌雄同體的形態，體內兼具雌雄兩種生殖器官，如此，遇到任何同伴，只要把精子或卵子互相交換，都能交配。海綿、蚯蚓等動物，身體構造簡單，身體內部構造較容易做一些改變；但昆蟲或脊椎動物等構造複雜，要兼備兩性生殖器官就難多了，不過由於牠們具有發達的感覺系統、運動器官，遇到異性的機會較多，也就自然而然地走上雌雄異體的演化路徑了。

性別的起源

無論雌雄同體或雌雄異體，「雌、雄」都是關鍵詞，到底什麼叫做雄？什麼叫做雌？這是依其生產的生殖細胞大小而定的。生殖細胞中，大型的叫卵子，小型的叫精子。生產卵子的叫做「雌」，生產精子的叫做「雄」。動物的生殖細胞有精子與卵子之別；就植物來說，花粉相當於精子，雌蕊基部的子房則相當於卵子。

生殖細胞為何有大小之別？最主要的原因就在營養成分的含量。精子除了擁有一套具備遺傳基因的染色體，及游到卵子時所用的能量外，幾乎沒有其他營養成分；卵子則含有從受精到孵化期間所需的充分營養，這種差異在鳥類等卵生脊椎動物尤其明顯。以我們最熟悉的雞來說，一個雞蛋，亦即一個卵細胞，大約有五十公克的重量，但精子卻小到肉眼看不見。其實胎生的哺乳類動物情形也差不多，人類成熟的卵細胞直徑有120μ（μ為一公尺的百萬分之一），但精子的主體部分只有6μ。

除了大小有別之外，運動性的差異也很明顯。大多數的精子在主體後方具有鞭毛，能在精液中或雌體生殖器的液體中游動，尋找卵子受精；卵子則缺乏運動性，定居於卵巢內的一定位置，等候精子來受精。

精子與卵子不同大小的形式，稱做異型配子型。可想而知，也有精子與卵子相同大小的同型配子型。但同型配子型只在原生動物及部分微生物中才看得到，是屬於較原始的配子形式。然而，爲何大多數動物最終都演化爲小型精子和大型卵細胞所形成的異形配子型呢？

大約在三十五億年前，地球上的生命體在海洋中誕生，但它們何時開始以交換生殖細胞的方式進行有性生殖，不得而知。據推測可能是在三十億年前，它們採用體外受精，將配子（精子與卵子）排放到海洋，自行尋找受精對象。在那樣的條件下，能幸運找到對象而交配成功的，應是少數中的少數。由於體內含有多量營養成分的配子，得以維持較長的壽命，提高交配機率，並有利於交配後受精卵的發育，因此，當時可能出現營養成分較多或不同含量的配子。

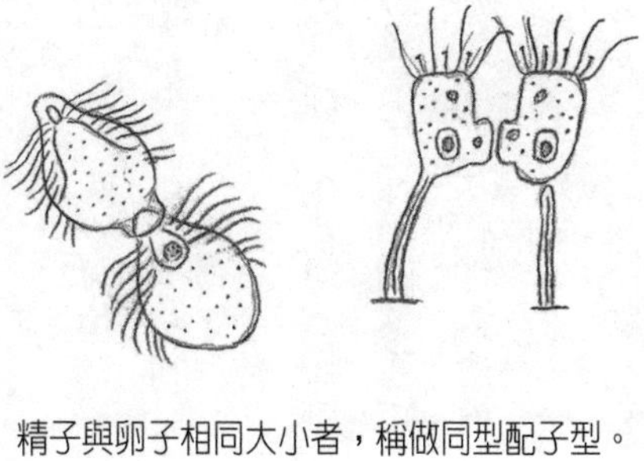

精子與卵子相同大小者，稱做同型配子型。

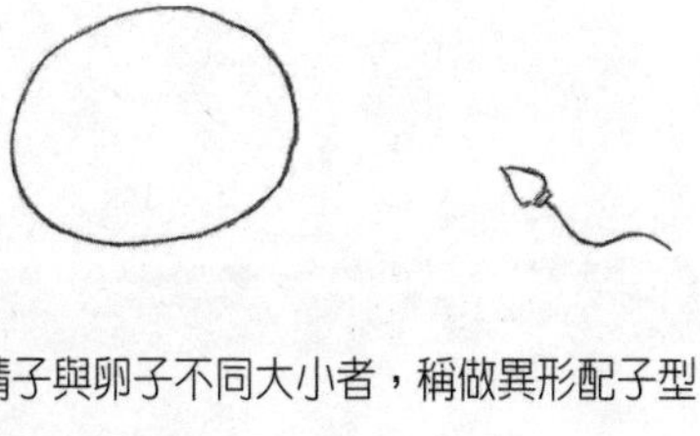

精子與卵子不同大小者，稱做異形配子型。

不過營養成分多也有缺點，含量愈多，行動愈笨重，影響在水中的游動性，進而減少相遇而交配的機率。在這種情況下，排放到海洋的配子必須經過以下三個階段才能完成任務：一、盡可能地延續自己的壽命；二、尋找對象和它結合，形成受精卵；三、使受精卵正常發育到孵化爲止。在第一及第三階段，含有多量營養成分的配子確實較有利，但營養一多，身體變得笨重，活動範圍縮小，就不容易找到交配的對象，勢必影響到第二階段的任務。由此可知，一種形式的生殖細胞難以滿足完整三個階段的需求。

在有性生殖動物出現的初期，不同營養含量的配子，可能有以下兩種不同的表現：一、營養較多的配子，雖然活得久，卻不太會動，相遇的機會極低；二、營養較少的配子，游動性較佳，容易找到對象，但由於營養缺乏，受精卵的存活率不高。由此可知，營養成分不多、但善於游動的配子，與營養充分、可提供受精卵發育所需的配子相結合，可以彌補彼此的缺點，提高交配及受精卵的發育率，而這可能就是異型配子的開端，亦即雌雄之別的肇始。

有性生殖的優點

我們雖然已知異形配子型的由來，但爲何出現雌雄兩種性別？坦白說這是生物學上至今未揭之謎。既然雌雄有別，兩者結合才能產生後代，如此看來，有性生殖的目的似乎就在生產後代。

生物的定義是：「能夠複製與自己相同的物體」，在早期的地球，生物沒有雌雄之別，且以細胞分裂或出芽方式複製自己，這種無性生殖是生物最早採用的繁殖方法。現今還存在的原生動物、細菌、水螅等腔腸動物，仍行無性生殖；但較高等的動、植物，進行有性生殖。因此，在探索有性生殖、也就是雌雄的沿起之前，最好先來探討無性生殖的物種中，最初爲何出現有性生殖的物種，牠（它）們又是如何建立起現今的繁榮。

有性生殖也有決定性的缺點，因爲繁殖工作必需要有雌、雄兩隻親代參與才能完成。至於無性生殖的生物，親代只需將身體分成兩片，或從親代部分身體分芽出去，如此只靠一隻親代就可以完成繁殖。換句話說，須要兩性結合的有性生殖，繁殖效率只有無性生殖的一半。這種現象在生物學上叫做「有性生殖的兩倍投資」。如此看來，有性生殖經過兩倍投資後，應該還能得到更大的好處，生物才有演化爲雌雄兩性的意義，由此或可窺見性別出現的端倪。

採用有性生殖的生物，無論雄性或雌性，生殖細胞先進行減數分裂，把生殖細胞中親代的染色體數減爲原來的一半；交配後，染色體在恢復一般細胞正常數目的過程中，各自的遺傳基因混在一起，經一番轉位後，產生與親代類似、但並不完全相同的後代。如此產生的後代，已不是完全模仿雌雄親代的複製品。反觀無性生殖的物種，除非基因突變，否則無法產生與親代不同遺傳基因的後代。

與親代不同的遺傳基因，在繁衍上扮演非常重要的角色，關於這點，在一些相關書籍上都有詳細的介紹，最基本的影響至少包括以下二項：一、可避免劣質的遺傳基因在個體內蓄積；二、容易製造有利於存活的優良基因組合，這種組合在後代的族群

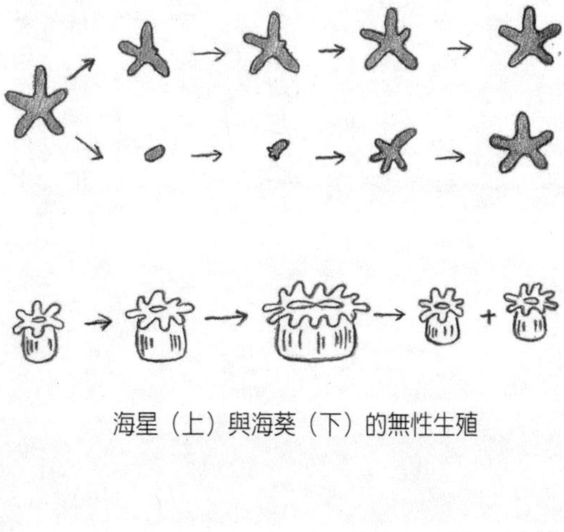

海星（上）與海葵（下）的無性生殖

不同異形配子結合、存活的情形

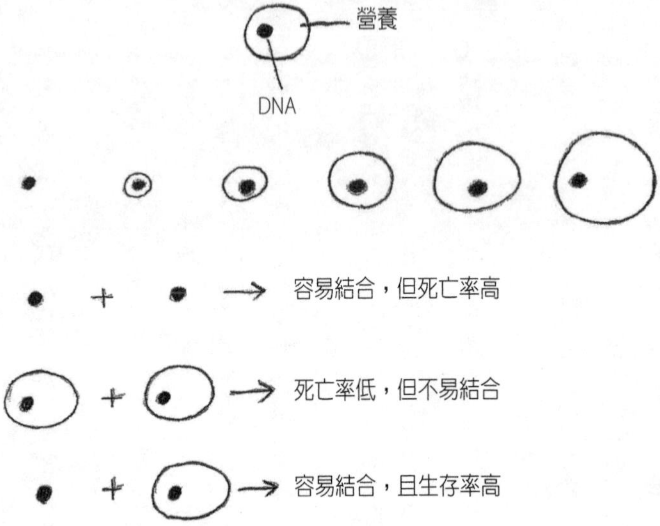

中，佔有優越的地位。

就第一項而言，在無性生殖的物種中，雖然屢屢出現基因突變，但產生的多半是不利於族群繁衍的畸形等特性，而且這種不良特性經由無性生殖，會累代蓄積在族群中。雖然也有不具劣性、甚至比以往更佳的個體，但牠（它）們不幸死亡後，要等到下一次相同的基因突變，才會再度出現這種正常或有優良特性的個體；而且，再度產生這種突變的機率極其渺小，只有等到一次更強的突變，能克服既有劣性基因，該族群才會有生機。至於有性生殖的物種，在雌雄的一對染色體的同一位置，出現相同性質的劣性突變機率甚低；因此，劣性的遺傳基因也就難以蓄積於該族群中。

至於第二項，當無性生殖族群中的一隻，經過基因突變獲得一種有利於存活的特性A，此特性A只能遺傳給該隻的直系後代，若另二隻個體也因基因突變獲得了B、C等優良特性，也只能遺傳給各隻的直系。如果一隻個體身上能夠同時具有A、B、C三種特性，就會更強壯且利於存活；可惜無性生殖的物種，獲得A特性的個體，若要有B的特性，要等產生B的突變，若要有C的特性，要等產生C的突變，但這種可能性相當小。至於進行有性生殖的物種，由於個體間遺傳基因的轉移、重組，出現兼具A、B、C特性的個體，機率遠大於無性生殖者。

現在來看有性生殖的其他優點。首先，不能不提「紅色皇后假說」。所謂「紅色皇后假說」，來自劉易斯．卡羅爾（Lewis Carroll）的名著《愛麗絲夢遊仙境》中一直奔跑的「紅色皇后」，由於在生物界，捕食者和被捕食者雙方在一個不斷升級的複雜循環中，互相促進演化，基於這種概念，無論是捕食者或被捕食者，都要不斷的進化才能生存，就像「紅色皇后」不斷奔跑一樣。舉例來說，寄生蟲、病原菌不僅威脅寄主的健康，嚴重時還可能導致寄主喪命，因此寄主本身一定要設法建立對抗寄生蟲、病原菌的有效防禦措施才行，人體的免疫系統就是其中之一。

然而寄生蟲、病原菌通常比寄主小型，壽命短，但發育迅速，演變速度也比寄主快。在這種情況下，寄主既有的防禦措施，常因為出現新型的寄生蟲、病原菌而被打破，這也是爲何不斷有新型流行性感冒、抗藥性病原菌的原因。由於寄主很難預料下一波將會受到何種類型寄生蟲、病原菌的威脅，體內既有的防禦措施，早晚會面臨被打破的危機；因此，較佳的對策就是像「紅色皇后」經常改變體內的防禦措施，亦即利用有性生殖的遺傳基因轉位來改變特性。

既然繁殖的目的是要爲自己留下更多更強壯的後代，那麼，雄性動物必須經過競爭，再選擇身體健全的多隻雌性交尾，以這種趨勢來看，弱勢雄性幾乎沒有機會留下後代。然而事實並非如此，以鹿爲例，雄鹿的角是用來跟其他雄鹿爭奪與雌鹿交尾機會的。通常力壯角大的雄鹿佔上風，與多隻雌鹿交尾的機會較大；因爲某種原因折斷角的雄鹿則會痛失繁殖的機會。幸好，秋末爭雌交配期過後，雄鹿的角即脫落，翌春才又長出新角，因此，今年失去交尾機會的雄鹿，明年仍有爭雌的機會。至於昆蟲，由於成蟲期的壽命不像鹿那麼長，未見類似的情形，然而牠們自有一套取得交尾機會的策略，關於這些留待後面再作介紹。

【第二篇】

昆蟲情色行為中的機制

昆蟲的情色行為五花八門，原因不外乎牠們具備能夠表現多種行為的身體構造，雖然從頭部到腹部末端、觸角、腳、翅膀等身體各部位，包括消化、呼吸、神經、感覺器官等內部構造，都直接或間接與情色行為有關，但在這裡只介紹在情色行為中扮演要角的生殖器官及其運作機制。

鑰匙與鎖——步行蟲的房事門禁

所謂昆蟲的交尾，是指雄性與雌性交尾器的交接。更具體地說，就是雄性把生殖器插入雌性的生殖器，將精子送進雌性體內的行爲。但必須是同種交尾，精子才能和卵子結合。然而，雄蟲要如何找到同種的雌蟲呢？

雖然昆蟲利用視覺、嗅覺、聽覺、觸覺，甚至利用味覺舔嘗體表上的味道，來判別同種的異性。但昆蟲種類繁多，形狀、特徵類似的種類不少，因此，最後仍必須依生殖器的構造、形狀是否能夠彼此交接、像鑰匙與鎖那樣巧妙搭配，而做出正確的判斷。由於雄性生殖器的構造特別複雜且特異，因此昆蟲分類學者常利用雄性交尾器的形態，作爲鑑定種類的特徵。在正式介紹交尾器之前，我們不妨先來談談多數昆蟲爲何有交尾器。

前面提過，地球最初的生命體是出現在海洋中的單細胞生物，它們以細胞分裂的方式繁殖，當然用不著交尾器。後來多細胞生物出現，開始形成有性生殖，出現了雌、雄兩性；這些海洋生物直接把精子與卵子釋放於海水中，讓它們自行結合形成受精卵。此後有些動物（包括祖先型昆蟲），踏上陸地開始新生活；在生殖上，牠們遇到的最大困難是，本來適合水中游動的精子，不能適應陸地空氣的生活，離開雄體不久就乾死。於是發展出「交尾」，將精子直接放入雌性體內，這種把精子送進雌體的利器就是——雄性交尾器，當然，雌性體內也必須出現接納雄性的雌性交尾器。

有關雌、雄性交尾器的形態及構造，在多種昆蟲已有詳細的研究，在此僅以步行蟲科(Carabidae)爲例，略爲介紹雌、雄交尾器的「鑰匙與鎖」的關係。步行蟲是左右前翅完全癒合的甲蟲，不能飛翔、只能靠步行移動。牠們的移動能力差，種間的隔離性大，在山谷地域，隔了一個峽谷就棲息不同種類，但由於外部形態的差異不大，常成爲研究種類進化及生殖隔離上的題材。

不論雌雄，步行蟲在尋偶、交尾時，不像其他昆蟲，牠們不靠聲音互相交換訊息，也極少利用費洛蒙引誘異性。在試驗室裡，屢見雄蟲遇到類似體型的步行蟲，不管對方的種類或性別，先爬到對方背上，看看對方有什麼反應再說。這麼隨便的求偶方法，竟然還能留下後代，眞令人詫異。仔細探究原因，可以發現步行蟲有別具特色的雄蟲交尾器，這是牠們能夠順利進行同種間交尾的秘密利器。

雌蟲交尾器的構造較爲簡單，主要的部分是薄膜形成的管狀陰道，連接著輸卵管與卵巢，陰道下方另有膜質的細長袋狀構造，叫膣盲囊，這是交尾時接納雄性陰莖中、由幾丁質形成的交尾片的地方。膣盲囊與交尾片之間存在著鎖匙與鑰的密合關

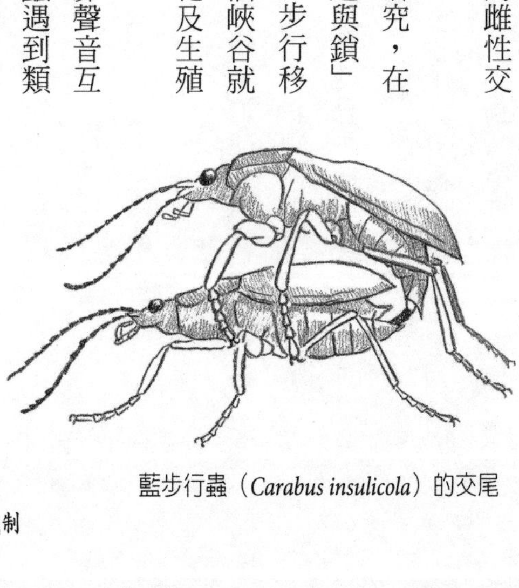

藍步行蟲（*Carabus insulicola*）的交尾

藍步行蟲的交尾器構造

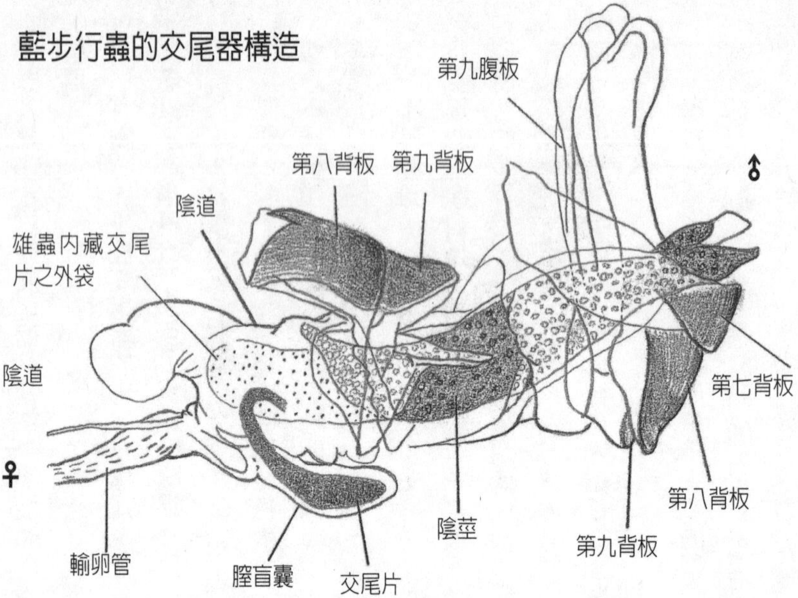

係，只靠蠻力強行把不對的鑰匙插在鎖中，是無法完成交尾的。換句話說，交尾片與膣盲囊的巧妙構造（請參考附圖），阻止了不同種的步行蟲進行種間雜交。

有時雄蟲也會使用暴力和不同種的雌蟲交尾，但此時由於交尾片過大，或兩者間形狀不合，常常造成膣盲囊穿破、雌蟲因內出血而死的慘劇，或者陷入交尾後無法分開的窘態。不過，若兩種種類的交尾器形狀較類似時，還能勉強完成交尾，在野外偶爾會看到由兩種步行蟲交尾而來的雜交蟲，例如分布於日本的岩脇步行蟲（*Carabus iwawakianus*）與摩耶山步行蟲（*C. maiyasanus*），前者雄蟲交尾片短而扁平，後者長而大、呈釣鉤狀。解剖岩脇步行蟲雌蟲的膣盲囊時，常可發現從基部折斷的摩耶山步行蟲雄蟲的交尾片，甚至曾在一隻雌蟲的膣盲囊中發現數支交尾片的斷片。折斷交尾片的雄蟲，雖然能存活，但已失去交尾的能力；若是交尾片沒折斷、雄蟲又無法把交尾器拔出來，兩隻步行蟲只好黏在一起直到死亡。

由此可知，步行蟲的尋偶、交尾行爲相當馬虎，一直要到交尾最後階段才能辨別出對方是否是同種的異性。

性器變武器——產卵管的功能進化

在有關交尾器的單元中曾提到，精子在大氣中容易乾死，其實母蟲所產的卵也一樣，因此除了屬於無翅亞綱（Apterygota）的原始型昆蟲沒有交尾器、產卵管外，其他極大多數的有翅亞綱（Pterygota）昆蟲都具備交尾器與產卵管。從這個角度來看，若說產卵管是帶來昆蟲現今繁榮的一大功臣，一點也不誇張。

在有翅亞綱的昆蟲中，膜翅目（Hymenoptera）的蜂類，及直翅目（Orthoptera）的螽蟴、蟋蟀之類，具有長而明顯的產卵管。牠們的產卵管爲何如此明顯？以蜂類來說，約在兩億兩千萬年前的侏儸紀出現的蜂類，當時已擁有較發達的產卵管，由於牠們算是較晚出現的昆蟲，爲了能在先住昆蟲環伺的生活資源競爭中順利繁衍，必須積極開發其他昆蟲未利用的生活空間，於是樹幹成了牠們的棲所，像樹蜂、鋸蜂等原始型蜂類，都發展出粗壯的產卵管，用它插刺樹幹，把卵產入樹幹，讓卵在木質組織的保護下，不受外界干擾，並取食木質部而長大。樹食性蜂類中，有部分種類後來逐漸改變食性，幼蟲開始攝取營養成分更高的動物質，從此出現寄生蜂。

寄生蜂的產卵管更趨尖銳，可在短時間內把卵產在寄主體內，但這種生活方式並非毫無缺點。首先，自己的產卵期、發育期受到寄主的出現期、發育期所控制；卵及幼蟲身體的大小，也受到寄主體型的限制。其次，由於寄生蜂幼蟲多呈缺腳的蛆型，移動性差，若是吃完寄主，卻尚未完成發育，必然因營養缺乏而死亡，或者寄主不幸中途死亡，也只好跟著同歸於盡。爲了克服這些問題，又演化出狩獵蜂。

狩獵蜂的產卵管除產卵外，還兼具注射麻醉物質的功能。當狩獵蜂母蜂找到獵物時，便一針將獵物麻醉，帶回巢中，將好幾隻獵物堆在一起，然後產卵在獵物堆上。這些卵既可免受外界的干擾，又能取食被麻醉、但未死亡的獵物（新鮮食物）而長大，可說是獲得極佳的生活保障。由於獵物堆在一處，吃完一隻獵物後，幼蟲還能蠕動著去取食另一隻獵物。

部分狩獵蜂爲了獵取更多獵物，發展出分工合作的方式，長腳蜂、胡蜂等經營社會性生活的肉食性蜂類因而出現。在一隻專責產卵的女王蜂之下，多隻工蜂出外捕獵，以供養卵及幼蟲。胡蜂類開始經營社會性生活，大約是在九千萬年前的白堊紀中期，當時已出現一些會開花的被子植物；到了約七千萬年前的白堊紀後期，被子植物更爲繁榮，爲了引誘昆蟲媒介花粉，它們開始分泌花蜜。花蜜富有蛋白質，受到一些社會性昆蟲的青睞，從此又演化出如花蜂、蜜蜂等以花粉、花蜜爲主食的蜂類。

無論胡蜂、蜜蜂，群集經營社會性生活，目標都非常顯著，加上巢中大量的蜂蜜、幼蟲、蛹等，是一些鳥類、哺乳類動物覬覦的食物，爲了對抗這些害敵，胡蜂、蜜蜂將本來注射麻醉液用的產卵管，發展爲螫刺害敵的毒針。如此可說，產卵管的功能演變，成就了蜂類今日的繁榮地位。

蟋蟀比蜂類更早出現於地球，原產於熱帶地域的森林，後來分布範圍逐漸擴大，至今不但是草原、甚至砂地都可看到，就連北緯四十五度以北的亞寒帶地域，也有牠們的蹤影。牠們能夠如此廣泛分布，也與產卵管有密切的關係。例如多數蟋蟀，尤其生活在溫帶地域的蟋蟀，具備了長而粗壯的產卵管，多產卵在土中，以卵越冬。大體而言，棲息於北方的種類，具有較長的產卵管，雖是同一種蟋蟀，因棲息地不同，產卵管的長度也有所差別。通常棲息愈北方的，產卵管愈長，這樣才可以把卵產在更深的地方，免受冬天低

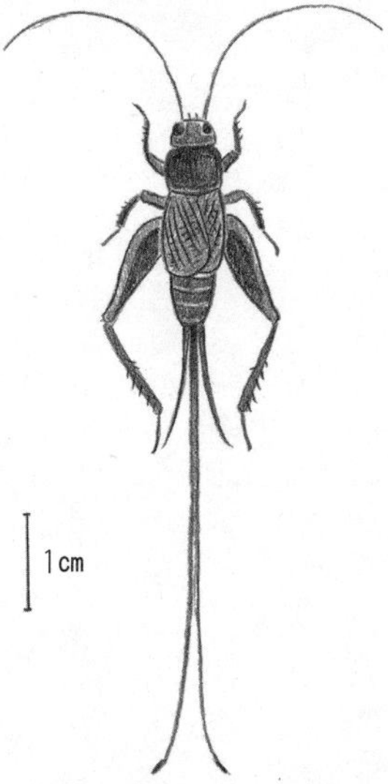

產卵管最長的一種蟋蟀

溫的影響。但當然也有些例外，目前所知，產卵管最長的是生活在澳洲乾燥地帶的一種蟋蟀*Eurepa* sp.，體長約二．五公分，體型屬於中型，但產卵管卻長達六公分。

這樣看來，長型產卵管似乎只有優點沒有缺點，若眞如此，所有蟋蟀爲何不都具備長的產卵管呢？其實長型產卵管也有缺點。先就雌蟲本身來說，龐大的產卵管造成行動不便，而且爲了形成並維持超長的產卵管，要消耗不少的體力與能量；此外還容易折損，一旦折損就無法產卵。就蟋蟀的卵來看，若蟲孵化，脫離卵殼後，還被著一層薄膜，牠必須靠著蠕動推開土塊，才能出現於地表，然後脫掉薄膜，伸出腳和觸角，孵化過程才算完成。對剛脫離卵殼的小若蟲而言，爬到土表就是一項艱鉅的任務，產卵管愈長，母蟲把卵產得愈深，若蟲爬到土表的困難度就愈高，中途死亡的機率也大。綜合各種條件，蟋蟀會衡量產卵管長度的得失，來決定最適合的產卵管長度。有些蟋蟀的產卵管很短，例如台灣大蟋蟀（*Brachytrupes portentosus*）體長約四公分，算是大型蟋蟀，但產卵管卻只有五～八公釐，呈小突起狀，這是因爲牠是棲息在地下三十～六十公分深坑的穴居性蟋蟀，可以自己挖洞，不需用長型產卵管在深土中產卵，牠將形成長型產卵管的能源省下來，用在生產一百五十～二百粒的卵。

如此看來，產卵管雖是依附在蟲體腹端的一個附屬器官，卻充滿繁殖的奧秘，尤其從它們形態及功能的演變，可以看見昆蟲在競爭激烈的自然界中，「窮則變，變則通」的生存本事。

貯精囊裡的卡位之爭——昆蟲也懂公車哲學

在對昆蟲情色行為的觀察中，眼尖的人或許會發現，有些雄蟲為什麼一直盯著跟自己交尾過的雌蟲，注意牠的一舉一動？昆蟲也像人類一樣會吃醋嗎？其實那不單純是感情上吃醋的問題，而是雄蟲深怕「牠的」雌蟲與其他雄蟲交尾，讓自己的精子白白被糟蹋。

更令人驚訝的是，雌蟲能夠控制自己後代的性比（即雌蟲與雄蟲隻數的比率），因為對後代性比的控制，幾乎不可能發生在哺乳類等高等動物身上。事實上，這種昆蟲特有的現象，與昆蟲雌性生殖器的特殊構造有密切的關係。

一般如鳥類等卵生高等動物的雌性生殖器，是由卵巢、輸卵管及產卵口所形成。但雌性昆蟲在輸卵管旁，還具備了貯精囊（spermatheca），用來貯藏雄蟲精子。雌蟲與雄蟲交尾後，就把所得到的精子暫時放在貯精囊中。貯精囊的開口在輸卵管中間，當卵子通過時，必會經過貯精囊的開口，與精子結合成受精卵（請參見30頁附圖），這種特殊的生殖器構造對雌蟲的生活有很大的幫助。雖然昆蟲中也有像糞金龜類的雌蟲一生產不到十粒卵，但一般昆蟲的產卵數都多達數百粒。以常見的甘藍紋白蝶（*Pieris rapae*）為例，雌蟲的平均產卵數約達二百粒，如果每產一粒卵就要交尾一次，至少要交尾二百次，然而雌蝶的平均壽命約十天，那麼一天豈不就要交尾二十次？

雌性寄生蜂的生殖器與受精機制

（實線表示卵子的流動方向，虛線表示精子的流動方向。）

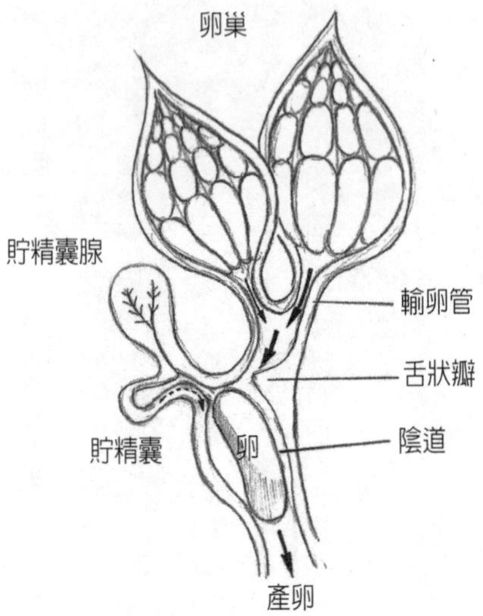

若眞如此，光是尋偶、交尾，就得佔去一生大半的時間，根本無法尋找適當的產卵場所來產卵。幸好有貯精囊，牠只要交尾一次，就可得到足夠二百粒卵子受精的精子。

另一個更明顯的例子是蜜蜂。大家都知道女王蜂唯一的工作就是產卵，其他照顧卵、養育幼蟲、清掃巢房、在野外收集花蜜的工作，都由工蜂負責。一隻女王蜂一生產的卵多達數萬粒，甚至數十萬；但牠在分封（見133頁）時只交尾一次，就得到一輩子夠用的精子，以後不必再交尾，可以專心產卵。

但事難兩全，貯精囊雖然有利於雌蟲的生殖行爲，但對雄蟲卻造成很大的困擾。高等動物沒有貯精囊，精子一進入雌體，便隨著精液與卵子結合；然而昆蟲在精子貯藏期間卻可能狀況百出，其中最大的問題便是，交尾後的雄蟲不能確保自己的精子在雌體內被利用於受精。以下略爲具體說明。

當一隻雌蟲與雄蟲A交尾後，又與雄蟲B交尾時，雌蟲貯精囊內會發生什麼情況？本來在貯精囊中待得好好的雄蟲A的精子，會被後來的雄蟲B的精子擠到貯精囊深部，貯精囊開口附近就被雄蟲B的精子所佔。好比一輛公車，先上車的人被後上車的人擠到裡面，下車時後上車的人反而得以先下車。當雌蟲排卵在貯精囊開口時，優先與卵子結合的必是雄蟲B的精子。這當然不為雄蟲A所樂見，因此雄蟲間除了有交尾競爭，在交尾後更有保嗣之爭，防止別隻雄蟲的精子在雌蟲的貯精囊中後來居上。因此，某些昆蟲的雄蟲交尾後仍會盯著性伴侶的一舉一動。以正當方法得不到交尾機會的弱勢雄蟲，為了留下自己的後代，尤其會想盡辦法投機取巧。

此時雄蟲所採取的措施之一，便是在自己的精液中動一些手腳。昆蟲的精液中不全是具有受精能力的有核精子，還包括不少沒有細胞核的無核精子。無核精子雖然沒有受精功能，卻可佔據空間，防止別隻雄蟲的精子擠進貯精囊，就像上公車時帶了一堆行李，阻止其他客人上車一樣。其實這種無核精子仍然富有蛋白質，可被雌蟲吸收成為營養，促進卵細胞的發育。

至於雌蟲對後代性比的控制，也與貯精囊有密切關係。正如後面一些單元所介紹的，某些社會性昆蟲及寄生蜂的雌蟲，不但能調整後代的性比，更可控制產下雌性卵及雄性卵的順序。因為這類昆蟲的雄性卵是未與精子結合的未受精卵，也就是說這些後代雄蟲沒有爸爸，而雌性卵則是與精子結合的受精卵。母蟲想產雌性卵時，就開放貯精囊的開口，讓精子與通過輸卵管的卵子結合；母蟲想產雄性卵時，就封閉貯精囊的開口，不讓卵子與精子結合。因爲控制貯精囊開口的肌肉是一種隨意肌，母蟲可憑牠的本能知道該以怎樣的比率產下雄性卵及雌性卵，對牠後代的繁衍最有利。

談到這裡，不禁讓我想起三十多年前在日本九州大學進修時的一場研討會。那次研討會的主題就是寄生蜂後代的性比。內容提及寄生蜂母蜂在產卵前會以觸角測定產卵用寄主的大小；從大型寄主羽化出的寄生蜂後代以雌蜂居多，從小型寄主羽化者則以雄蜂居多。但對於寄生蜂在碰到寄主並測定寄主大小後，如何決定在該隻寄主上要產雌性或雄性卵，並未有肯定的立論。記得當時大多數人的意見都是參考在海龜、鱷魚身上發現的現象；即所有的卵原都是兩性卵，由卵期的環境條件決定孵化幼蟲以後的性別。然而隨著昆蟲學研究的進展，已知上述的解釋是完全錯誤的，加上現代攝影儀器及技術的發達，已可詳細觀察雌蜂產卵時腹部的蠕動情形，由此辨別牠是否開放或封閉貯精囊的開口，進而預測此次所產的是雌性卵或雄性卵。

儘管雌性生殖器中貯精囊的存在爲雄蟲帶來很大的困擾，然而對雌蟲而言，貯精囊相當於精子倉庫，有了它，雌蟲只要交尾一次，即可備妥一生所需的精子。如此看來，昆蟲今日的繁衍地位，跟貯精囊也是息息相關的。

擺地攤與撿便宜——原始型昆蟲的間接受精

交尾器和產卵管雖然在昆蟲的生殖行爲上扮演重要的角色，卻是昆蟲後來演化出來的。原始型昆蟲不具有這樣的利器，令人好奇的是，牠們又有什麼妙計來繁衍後代呢？

彈尾蟲（*Collembolla*）屬於原始型昆蟲，體長不到一公分，雖然沒有翅膀，但腹部具備跳躍器，能活潑地跳動，故有「跳蟲」的別稱。雄性彈尾蟲會從身體末端分泌火柴棒般水滴狀的「精包」，不管附近有沒有雌蟲，牠都像擺地攤般地將精包放在地上，雌蟲發現精包後，就會以生殖口撿起來，收入體內，看來實在是很簡單的受精過程。精包在空氣中不耐放，雄蟲放出精包後約八個小時，如果還無雌蟲問津，雄蟲便吃掉自己的精包——有時精包還會被別隻雄蟲吃掉！——然後再放出新鮮的精包。由於彈尾蟲大多棲息在潮濕陰暗的枯葉或石頭下，而且常是成群棲聚，雌蟲撿到精包的機會相當高。然而這種間接受精法不見得全靠運氣。從一九七〇年代對土棲性彈尾蟲的研究已知，雄蟲同時會分泌引誘雌蟲的化學物質——性費洛蒙，以提高精包的被撿率。

水棲彈尾蟲（*Podura aquatica*）常成群浮在河口等淡水與海水混合水域，雄蟲在繁殖期移居陸地，先把精包放置在地上，一旦發現含有成熟卵的雌蟲時，便會將雌蟲推到精包所在之處，讓雌蟲撿起精包。圓彈尾蟲類（*Siminthurinus* spp.）的雄蟲體型遠小於雌蟲，觸角有個捉握器，可用來捉住雌蟲的觸角，跟雌蟲一起生活。雄蟲到了生殖期也會把精包放在地上，再以後退的姿勢把雌蟲推向精包處。

比彈尾蟲略爲進化的衣魚科（Lepismidae）、石蛃科（Machilidae）昆蟲，也採取不經過交尾的精子授與。雄性石蛃先以小顎鬚觸摸雌蟲身體好幾次，彷彿在調情，然後吐絲將自己的身體與地面連結起來，在絲上吊掛數粒精包，再將雌蟲推到精包處，讓雌蟲撿到精包。

由於石蛃是一般人、甚至一些昆蟲專家也相當生疏的昆蟲，在此略作介紹。石蛃與我們在家中看到的衣魚同屬於總翅目（Thysanura），但身體不像衣魚呈扁平狀，而是略呈圓筒型，善於跳躍。牠生活在野外，雖然多棲息於草叢、枯葉間或枯木、樹皮、石頭底下等陰暗處，但喜歡略爲乾燥的地方，以腐植質、地衣、陸生藻類維生。由於這些物質並不很營養，因此與多數土棲性動物一樣，牠的發育相當緩慢，自卵發育至成蟲，通常需要一至兩年，成蟲有兩年的壽命。這點與衣魚類似，衣魚有三～四年的長壽紀錄。

整體而言，石蛃的基本生活習性，例如活動時的疾跑速度，不願在明亮、廣闊的地方逗留，常常處於靜止狀態等，都與野外生活的蟑螂相似。對沒有翅膀的石蛃、衣魚來說，這些習性是維持存活很重要的撇步，因爲這樣既不會遠離食物源（牠們的主

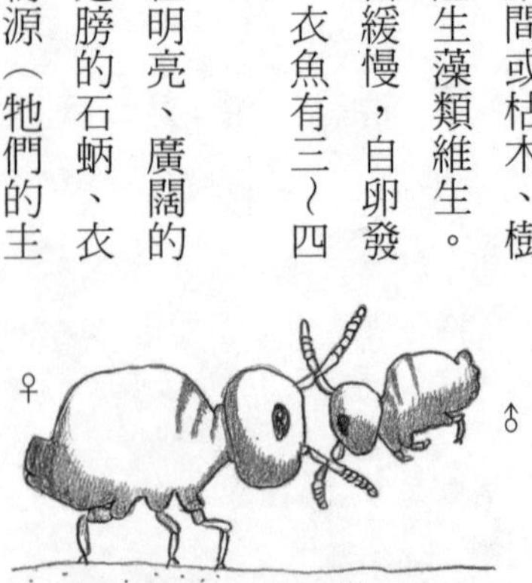

圓彈尾蟲交配時，體型較小的雄蟲以觸角夾著雌蟲被雌蟲拖走。

德國石蛃雄蟲提供精包給雌蟲的行為模式圖

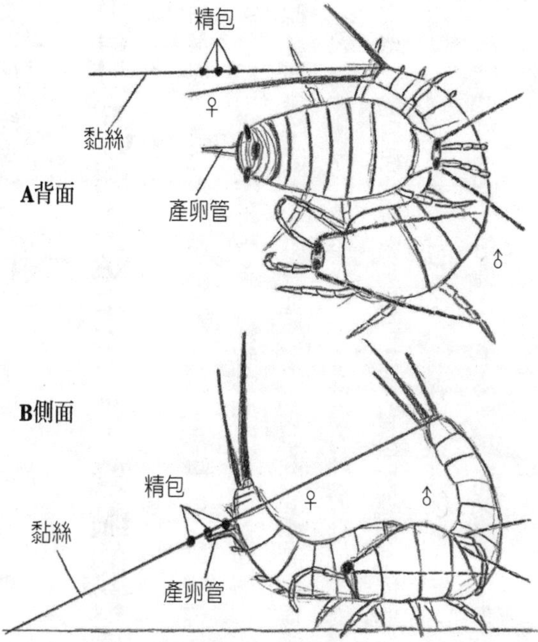

要食物陸生藻類多長在日陰處），也不會受到陽光直射而乾死。然而，這些習性也讓牠們不得不安於朽木、落葉下的環境，限制了分布範圍，並減少雌雄相遇的機會。

無論石蛃或衣魚成蟲，與其他昆蟲的一大差異就是，到了成蟲期仍能蛻皮，同時還能再生已脫落的鱗片、纖細的觸角、小顎鬚等，這些都是牠們尋偶時的主要利器。值得一提的是，石蛃的耐溫範圍很廣。根據在德國的野外觀察，成蟲在攝氏零下五度的冬季酷寒，與夏天四十度岩礫地的高溫，仍能正常活動，有翅類昆蟲至今還未見到在那麼大的溫差下還能生活的。不過，分布於德國的德國石蛃（*Machilis germanica*），雄蟲並不住在攝氏十五度以下的低溫區，冬天牠最重要的尋偶工具——「小顎鬚上的剛毛」會完全脫落，讓牠無法尋覓雌蟲，必須等到春天，蛻皮後剛毛再生，才能開始尋偶活動。觸角的再生很重要，若觸角折損，一半以上的雄蟲無法讓雌蟲產生接受精包的反應。由於精包不能暴露在空氣中過久，從排出至雌蟲接受，須在二十秒內完成，因此，雄蟲在間接受精的過程中，必須要有完善的準備。

留下自己骨肉才是本事——殘酷的殺嬰行爲

如果你認爲昆蟲、甚至所有動物，都是爲了延續種族而繁殖，在了解牠們的繁殖策略後，你可能會發現許多難以解釋的現象，例如同種的雄蟲與雄蟲、雌蟲與雌蟲、甚至雌蟲與雄蟲間，會出現種種競爭和惡鬥的場面。爲了種族的繁衍，何苦相爭呢？如果能夠和平共存、協力合作，不是更有利於種族的繁榮？說穿了，這樣的競爭，只是爲求得更多自己的骨肉，也就是具有自己遺傳基因的後代。因此，其他雌蟲或雄蟲常成爲自己的強力競爭對手；只有在利益能夠共享，並且共存利益大於單獨生活的利益時，牠們才肯合作。這種作法看來既現實又自私，但自然界本來就是弱肉強食、逞凶鬥狠的地方。

在競爭前提下，動物們必須利用何種策略留下更多自己的骨肉，就不僅是面對同種或異種間競爭的問題，也必須和時間競爭。因爲動物都有一定的壽命、繁殖期（例如雄性的尋偶、交尾期，雌性交尾、產卵或受孕的性成熟期），鳥類、哺乳類還有育幼期，這些都是很有限的。因此，如何在有限的時間內，留下更多自己的後代才是本事。目前生存在地球上的生物，都是克服了這些難題而存活下來的。在此就以我們較熟悉的兩種哺乳類動物——獅子與老鼠來作介紹吧。

在非洲疏林草原的獅群，是由雌、雄獅各三、四隻或更多隻雌獅組成的。雄獅們在爭奪雌獅群時，會與原有的雄獅們展開激烈的打鬥，同伴愈多，勝算就愈高。另一方面，雄性幼獅到了一定的年齡，就離開父母的獅群，開始牠們集體流浪的生活，長得夠大夠強壯時，再合力攻擊另一群雄獅，強佔雌獅群。爲了讓自己的後代綿延不絕，形成大型的雄獅群是很重要的。因此，當雄獅們佔有雌獅群後，在產期較爲整齊的第一次生產中，後代的性比明顯地以雄性居多，約佔整個新生獅子的百分之六十，以便形成雄獅群；此後雌、雄性嬰獅各約佔百分之五十。至於牠們如何控制第一次生產時的性比，至今未明。但這種現象無疑地有利於獅子本身的繁榮。當年輕力壯的雄獅們成功地趕走獅群中年紀較大的一些雄獅，得到與雌獅交尾繁殖的機會時，首先要做的便是咬死獅群中還在哺乳期的小幼獅。由於母獅在哺乳幼獅的期間不排卵，也不願與新來的雄獅交尾，如此新雄獅們無法留下自己的後代，只好先咬死小幼獅，逼使雌獅們斷乳。小幼獅們被咬死不久，雌獅們便同時發情，接納新雄獅的交尾，經過約

布氏效應的示意圖
（斜線老鼠表示不同隻雄鼠）

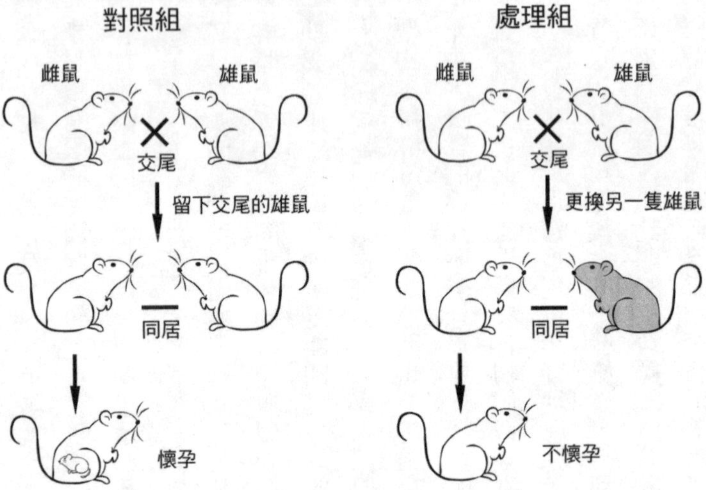

三百天，所有雌獅幾乎同時產下新幼獅。

不過新雄獅們也不能長久陪伴在雌獅身旁，牠們隨時會受到另一群年輕雄獅的挑戰，直到年紀漸大，終有一天被其他年輕力壯的雄獅們所取代。一般而言，雄獅和雌獅在一起生活的時間只有三、四年，其間雌獅只能懷孕二、三次。對雄獅來說，時光寶貴，哪能等到別隻雄獅的後代斷乳後才與雌獅交尾？從這個現象來看，即知獅子們並不是爲了整個種族而生殖；如果生殖並非著眼於種族的繁榮，而是爲了留下自己的後代，這種殺嬰行爲（infanticide）就容易解釋。

其實上述的殺嬰現象並非獅子社會所獨有，在不少種類的猴子及鼠類中也可見到。將雌、雄各一隻的小白鼠養在一起，等牠們確實交尾後，將雄鼠移除，放入另一隻雄鼠（38頁圖中的斜線雄鼠），雌鼠受到新雄鼠的刺激會無法懷孕，即使懷孕了，胎兒也會流掉。這是一位英籍動物生理學專家布爾斯（H. M. Bruce）於一九五九年發現的現象，並以他的名字稱爲「布氏效應」。

在以後的試驗中，將一隻不相干的雄鼠放入仍處於哺乳期的雌鼠的鼠籠中，雄鼠會立刻咬死嬰鼠們，並將雌鼠佔爲交尾對象，這個舉動頗類似上述獅子的殺嬰行爲。雄鼠不會咬死自己交尾過母鼠所哺乳的嬰鼠。換句話說，雄鼠不會咬死自己的骨肉。如果偷偷將雄鼠親生的一批嬰鼠放進一隻未曾與牠交尾過的哺乳期母鼠的鼠籠時，雄鼠仍會將嬰鼠咬死（40頁圖A）。但讓雄鼠與交尾過的母鼠同居，偷偷交換其他雌鼠所產的嬰鼠時，就不容易發生殺嬰現象（40頁圖B）。

從這裡可以看出，雄鼠會否殺嬰，並非取決於嬰鼠是否爲自己的骨肉，而是看母鼠是否爲自己交尾過的對象。因爲，在自然條件下，幾乎不可能發生嬰鼠由別隻母鼠代替哺乳的現象，雄鼠咬死自己骨肉的可能性極低。因此，雄鼠的「認母不認嬰」行爲相當合理，而雄鼠殺嬰的目的，不外乎咬死別隻老鼠的後代，中斷雌鼠的育嬰工作，以便及早與該雌鼠交尾，留下自己的後代。從後來的試驗結果也發現，被閹過的

老鼠出現殺嬰效率的條件

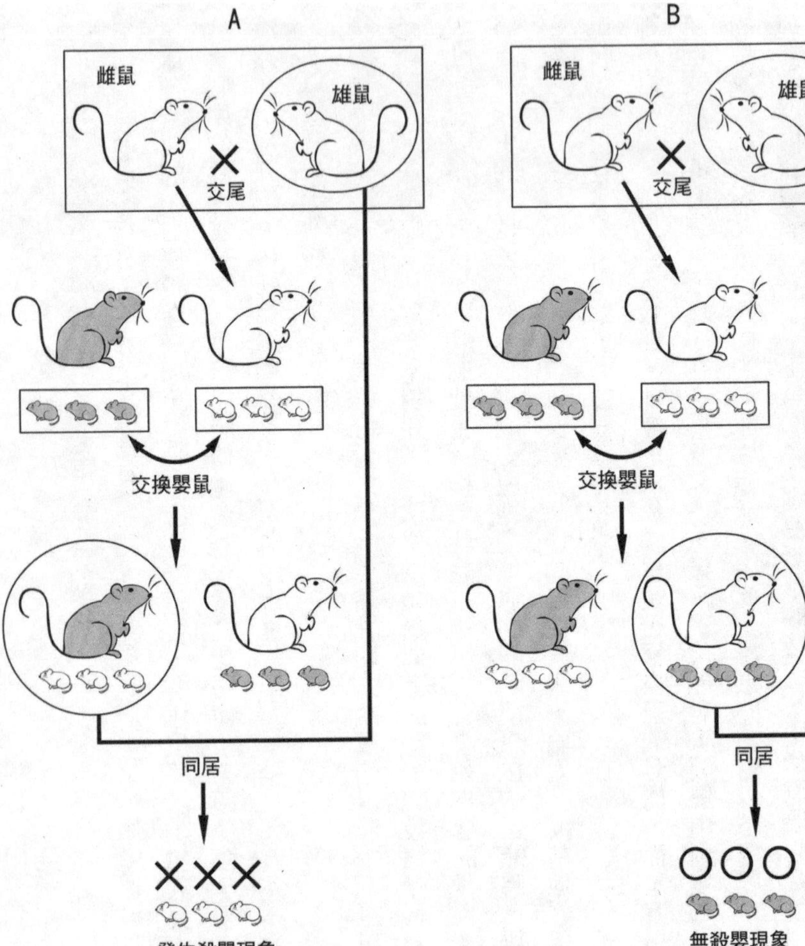

雄鼠不會咬死嬰鼠，然而施以雄性荷爾蒙的閹鼠就有殺嬰行爲。

在這裡順便談談引起殺嬰行爲的動機，一般認爲有以下四種可能：一、族群密度過高時的調節，二、食物的不足，三、親代對後代隻數的控制，四、占有雌性群的雄性爲了增加自己後代隻數所做的行爲。事實上，在低密度或食物充足的狀況下也都會發生殺嬰現象，而且被殺害的嬰獸不一定是親代所噬。因此前二項的可能性較低。至於第三項的「親代對後代隻數的控制」，較常見於老鷹、貓頭鷹等猛禽類。這些鳥類大都只產兩個蛋，通常只有一隻幼鳥長大爲成鳥。因爲親鳥專心哺育大型且健康的幼鳥，而將另一隻當候補，只有食物充足、條件良好時才哺育候補幼鳥。但這種現象不足以解釋哺乳類動物的殺嬰現象。

目前最有說服力的便是第四項說法。由於哺乳類動物通常在哺乳期間就不再受孕，也不願意與雄性交尾，因此雄性占有雌性後，只好先殺死別隻雄性的後代，以使雌性盡早懷有自己的骨肉。所以殺嬰行爲對占據雌性的雄性而言，是爭取時間的必要手段。從這個角度來看，上述的布氏效應也可視爲殺嬰行爲的另一模式。

雖然從被迫流產的雌鼠立場考量，雌鼠失去已受胎的後代是不小的損失；但在殺嬰行爲發生頻率較高的情形下，與其留待別隻雄鼠下毒手，不如自己盡早處理掉肚子裡的胎兒，把損失降到最低。說得難聽點，反正早晚要被殺，不如先一步把牠流掉，以便早日與新雄鼠交尾產下新雄鼠的後代。這種現象在雄獅群交替時，也發生在雌獅身上，雌獅知道現有的幼獅早晚會被新雄獅咬死，乾脆自己先動手。

無論如何，在同種之間的生存競爭中，弱者遭到淘汰，唯有得勝者或採用較佳策略的強者，才有機會留下後代，所以我們現在看到的動物，都可說是強者的後代呢。

至於昆蟲的殺嬰行爲，最具代表性的例子之一是條螟寄生小繭蜂（*Bracon hebetor*）母蜂的殺卵行爲。母蜂爲什麼要殺卵？殺什麼樣的卵？如何殺卵？在〈寄生蜂不得不殺卵的理由〉（見233頁）單元中將有詳細的介紹。

【第二篇】

多采多姿的尋偶行為

雖然有一些例外，但昆蟲的繁殖，原則上是兩性生殖，也就是經過雄雌的交尾，形成受精卵，由受精卵發育而繁殖的過程。昆蟲身體雖然小，但在野外的大空間中仍能找到交尾的對象，當然各自都有絕招。

領主與游俠——蜻蜓的求偶策略

雨後的夏日野外，常可看到體態輕盈的蜻蜓悠閒地飛翔，在池塘、水溝附近徘徊，優雅的身影、搖曳的舞姿深深吸引住人們的目光，而雌、雄蜻蜓連結同飛、掠過水面的畫面，更令人印象深刻，也予人許多浪漫的遐想。但是仔細觀察牠們的尋偶過程，就會發現其間仍有著一場又一場的繁殖競爭。

先來看看雄蟲在水邊形成地盤（領域）的行爲。雄蜻蜓在地盤內不斷地巡迴飛翔，偶爾停在地盤裡的樹枝末端，一發現其他雄蟲入侵時，馬上起身追逐，將入侵者趕出地盤。若進來的是雌蟲，牠則以腹端夾住雌蟲的頸部，開始雌雄連結的飛翔。不久雌蟲彎曲腹部，將腹端貼在雄蟲腹基部開始交尾。完事後，雌蟲以蜻蜓點水的姿態開始在水面產卵；此時雄蟲仍緊緊夾住雌蟲頸部，好像在戒護雌蟲，讓牠在產卵時不會被水淹到；或者在雌蟲的上方以空中滯飛方式監視雌蟲產卵。雌蟲產卵時，雄蟲所採取的行爲依種類而不同，但雌蟲產卵的地方一定都在雄蟲的地盤內，雌蟲一產完卵就飛離，雄蟲則又重新開始巡視地盤。當然，在蜻蜓的生活中也常會發生一些狀況，以下就以日本產霜粉色蟌（*Mnais pruinosa*）的觀察結果進行探討。

霜粉色蟌的雄蟲，依照翅膀的顏色可以分爲橙色型與透明型，但雌蟲的翅膀都是透明的。在溪流旁擁有自己的地盤而引誘雌蟲交尾的，都是具橙色翅膀的雄蟲。橙色型雄蟲的地盤內有些泡在水中的朽木或長青苔的石頭，對雌蟲而言它們都是很好的產卵場所。擁有地盤的雄蟲看到其他雄蟲入侵，無論對方是橙色型或透明型，都會採取猛烈的攻擊，此時入侵者大都會被打敗。但當卵巢裡擁有成熟卵的雌蟲飛進該地盤，並停在朽木或石頭上時，雄蟲會立刻飛來，停在雌蟲的翅膀上，夾住雌蟲的頸部，在連結飛翔後進入交尾，經過約一、兩分鐘的交尾，雌蟲就開始產卵，產卵時間有時不到一分鐘，有時長達兩、三個小時。

雌蟲產卵期間，雄蟲會停在附近監護，若有其他雄蟲飛進來，馬上起飛驅趕；倘若進來的是雌蟲，則會暫停監護工作，轉向新來者示愛，最終也在地盤內產卵。這樣

蜻蜓雄蟲為保護領域而奮鬥

例一／杜松蜻蜓（*Orthetrum sabina*）
領域所有者從下方驅趕入侵者

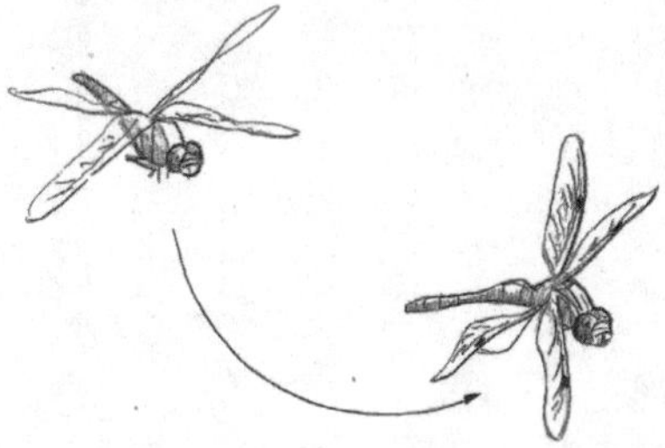

例二／綠胸晏蜓（*Anax parthenope*）
領域所有者從後方以 Z 型追趕入侵者

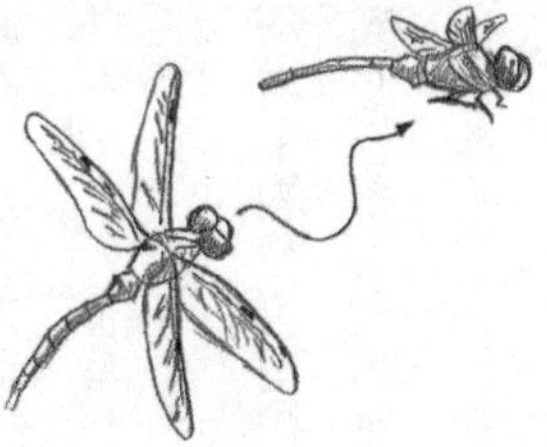

例三／色蟌（*Mnais* sp.）
所有者先與入侵者上下並排，再忽然向上飛衝驅趕入侵者。

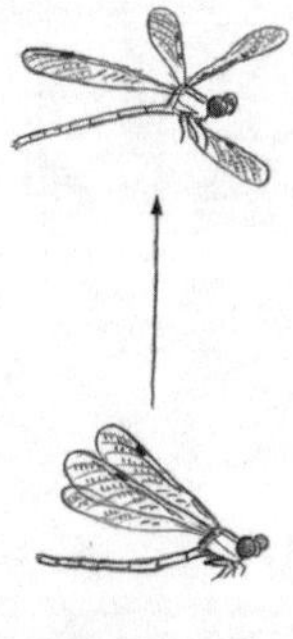

一來，一隻雄蟲有時要同時監護二、三隻雌蟲產卵。

由此可知，橙色型雄蟲是擁有地盤的優勢雄蟲，那麼透明型雄蟲呢？相較之下，牠們採取的是遊擊戰，有時在溪流旁，有時在樹林裡，活動範圍較不受限制，但仍以出沒在橙色型雄蟲的地盤附近居多，一發現正在產卵的雌蟲就迅速飛衝過去，直接和雌蟲交尾，省略任何尋偶過程；此時若不幸被監護中的橙色型雄蟲發現，只好乖乖被趕走。若橙色型雄蟲正在追趕另一隻入侵者，或忙著與新來的雌蟲求偶、交尾，透明型雄蟲就有機可乘，並在交尾後匆匆離開；橙色型雄蟲與新歡完成交尾後，回來繼續監護，並未察覺原配的外遇，而讓牠繼續產卵，那麼原配所產的卵已是透明型雄蟲的後代了。若在交尾時被發現，雖然交尾會被打斷，但透明型雄蟲仍能以連結飛翔的方式把雌蟲帶到別處繼續交尾，之後，雌蟲再飛回橙色型雄蟲的地盤內繼續產卵。

看來透明型雄蟲的交尾策略，好像專門打遊擊似的，但如果我們捉走地盤中的橙色型雄蟲，透明型雄蟲會趁機佔領空城，做爲自己的地盤。由此可知，透明型雄蟲也有形成地盤的能力和意願，只是因爲生活空間內有比較優勢的橙色型雄蟲，而使牠無法擁有自己的地盤。其實不只蜻蜓中有弱勢型的雄蟲，在青蛙、鹿、象鼻海豹等一隻雄性擁有多隻雌性、形成交尾集團的動物中，也存在著弱勢雄性，牠們也常有偷香的行爲；尤其是以體外受精爲主的魚類，更容易見到藉由突襲性射精達到這種目的者。

產完卵的雌性色蟌，爲了準備下一次的產卵，會暫時離開河邊，到森林裡捕食小昆蟲以補充營養，成了一些放浪在森林中的透明型雄蟲的尋偶、交尾對象，但此時的雌蟲交尾意願不高，即使幸運地交尾成功，雌蟲也不馬上產卵。

蜻蜓受精時與其他多數昆蟲一樣，將精子包裝在精包中給予雌蟲，雄性蜻蜓的生殖器都具備湯匙般的構造，交尾輸送精子之前，先以此構造插進雌蟲的貯精囊，挖出原配雄蟲的精包，或以球桿狀的構造把貯精囊中原配雄蟲的精包推到最深部，讓它無法與卵子結合，並把自己的精包放在貯精囊的開口附近。從在雌蟲貯精囊中發生的精子置換現象（sperm replacement）就知道，無法監護配偶產卵的透明型雄蟲，能夠留下自己後代的機率並不高。類似情形也發生在鳥類，雌鳥的生殖器官也有類似貯精囊的構造，仍可能發生精子代替現象。因此，多種雄鳥從交尾到育雛期都全程陪伴，監護雌鳥，以防紅杏出牆。儘管我們常把這種現象視為鳥類愛情的表現，但眞正的原因還是雄鳥要保全自己的後代。

那麼霜粉色蟌中的偷襲者為何都是具備透明翅膀的雄蟲？原因之一是，牠們利用透明翅膀擬態雌蟲來避開橙色型雄蟲的警戒。從昆蟲進化學的研究得知，蜻蜓祖先的翅膀是透明的，有顏色的翅膀是後來才出現的。所以很有可能地，擁有地盤的橙色型雄蟲的出現，迫使透明型雄蟲改變原有的繁殖策略而採用偷襲戰術。雖然從精子代替現象來看，透明型雄蟲能夠留下後代的機率渺小；但實際上，野外仍有不少透明型雄蟲。雖然橙色型及透明型雄蟲的遺傳機制尚未解明，但在另一項調查中已知這兩型雄蟲的繁殖成功率大致相同，橙色型雄蟲雖然擁有領域，且以鬥爭方法獲得雌蟲，一天的繁殖成功率比透明型者高約兩倍，但爲了保護領域，所消耗的體力也大，因此繁殖壽命只有透明型的一半。

雖然橙色型、透明型是由先天性遺傳因子所決定，但同是橙色型的雄蟲，其中仍有優劣之分，優勢者的領域常有雌蟲來造訪，劣勢者只能屈居於雌蟲不常來、條件較差且範圍較小的領域。爲何有如此的差別？這是瞭解蜻蜓生活史很重要的問題。

就大多數昆蟲而言，若蟲或幼蟲在生長期專心取食，蓄積營養以便用於成蟲身體的發育，以及卵細胞、精子的形成；不少昆蟲進入成蟲期後，口器退化，不再攝取食物，或者改以花蜜等醣分爲主，頂多補充代謝用能源。略爲極端地說，昆蟲的生活期可分爲貯蓄營養的幼蟲期與消耗能源的成蟲期兩大部分，就完全變態的昆蟲而言，其間還有不吃不動、處於休息狀態的蛹期。但蜻蜓的發育過程，不但缺乏蛹期，還有與其他不完全變態昆蟲不同的地方，剛羽化的成蟲肌肉、翅膀尚未完全發達，也不具交尾、產卵的能力，必須有一段成蟲取食期。因此，羽化不久的蜻蜓成蟲大多離開水域，先進入食物（小昆蟲）豐富的森林裡專心取食，讓肌肉強壯充實。換句話說，把幼蟲期（稚蟲期）該做的部分工作延到成蟲期。而此時的取食量，關係著肌肉的強健度，也決定了進入繁殖期的優劣順位。

成蟲的營養補充期甚至延伸到繁殖以後，以雌蟲來說，牠產完一批卵後，再度進入森林捕食獵物、補充營養，之後回到水邊再與雄蟲交尾、產卵，如此反覆數次，而雄蟲也有略似的情形。例如霜白蜻蜓等*Orthetrum*屬的蜻蜓雄蟲，擁有領域大約三至五天後，爲了補充營養離開領域，此時居於次位的蜻蜓雄蟲立刻取代，已補好營養的雄蟲回到水域能否再奪回領域，完全得看牠在森林中的取食量。由此可知，雄性蜻蜓的優劣順位變動甚大，而我們在森林、高山等離開水域相當遠的地方所看到的一些蜻蜓，都是羽化不久或需要補充營養的蜻蜓。

其實雄性擁有自己領域的行爲，也見於蟋蟀、鍬形蟲等，甚至一些蜘蛛（例如金蛛），只是由於蜻蜓是晝行性，而且在視野良好的水域形成領域，我們比較容易觀察得到。

妻妾成群的辛苦——瘤緣椿象的尋偶行爲

梅花鹿、海狗等以一隻雄性擁有數隻、甚至數十隻雌性而有名。昆蟲中也有一夫多妻的例子，瘤緣椿象（*Acanthocoris sordidus*）就是其中之一。瘤緣椿象的雄蟲體長約十三公釐，呈黑褐色，被覆淡黃色密毛，並間雜著瘤狀突起，有黑褐色的腳，其中後腳腿節膨大呈三角形，多出現於旋花科及茄科植物上，算是不太起眼的椿象。

瘤緣椿象雌蟲體型比雄蟲略小，通常產下的卵塊由數十粒卵聚合而成，若蟲與成蟲都成群生活，若在試驗室改變蟲群的隻數飼養，得知隻數愈少，發育存活率愈差，也就是說，牠是典型的群聚性昆蟲。這種群聚性在其他椿象、甲蟲、蛾類等幼蟲也很常見。

在一株辣椒上釋放不同隻數的雌、雄成蟲時，雌蟲會在辣椒的莖上成群而聚，但雄蟲中只有一隻能與雌蟲們交尾，其他雄蟲則徘徊在雌蟲遠一點的莖上。若除去優勢雄蟲，弱勢雄蟲會立刻進入雌蟲群中，與牠們交尾，這證明弱勢雄蟲也有交尾能力。換句話說，一隻優勢雄蟲佔有雌蟲群後，會在周圍形成領域，但雌蟲一旦交尾後，為了產卵一一離開，該領域就跟著消失。

雌蟲離開雌蟲群在另一株辣椒上產卵，當然有它的原因。首先，椿象身體發出的特殊異味容易引來牠們的卵寄生蜂，爲了避免所產的卵受到攻擊，離開群聚、易地產卵是必要措施。其次，群集的植株受到多隻雌、雄蟲的吸汁，營養狀態已較差，爲了孵化後代並讓牠們正常發育，雌蟲自然會尋找未受害的健全植株。產完卵的雌蟲有時還會回到原來的雌蟲群中，或加入由數隻產完卵的雌蟲形成的新群，流動性頗大，此時弱勢雄蟲仍有機會擁有自己的雌蟲群。

擁有雌蟲群的雄蟲，看來威風八面，其實非常辛苦，牠必須花很大的功夫保護領域，不但得隨時守候在雌蟲群旁趕走想趁虛而入的其他雄蟲，察覺有異狀時，也會離開雌蟲群巡視周圍。若入侵者不肯離開，牠會利用後腳的粗大腿節展開格鬥；當牠用後腳緊緊夾住對方腹部時，對方也用相同方法還以顏色，如此格鬥有時長達一個小時，最後當然總有個輸贏，而且勝者多半是擁有雌蟲群的雄蟲。兩隻雄蟲有時纏鬥得難分難解，互相夾住對方掉落地面，擁有雌蟲群的雄蟲會迅速站起，爬回原來的辣椒株，入侵者反應較慢，只好落寞地離開，尋找另一株辣椒。可見，擁有領域的雄蟲雖然暫時被迫離開辣椒株，仍有保護領域的意願。此外，一旦發現別隻雄蟲跟自己所擁有的一隻雌蟲交尾時，擁有雌蟲群的雄蟲會立即展開猛烈攻擊，以中斷其交尾。

想維持一個完整的雌蟲群，對雄蟲來說確實是極重的負擔，這種負擔常耗盡牠的體力，造成牠的短命。例如，在一株辣椒上釋放四隻雌蟲，再分別釋放一、二、四、八隻雄蟲。當釋放二隻雄蟲時，擁有雌蟲群的優勢雄蟲的壽命長於劣勢者，但此後隨著雄蟲數的增加，優勢雄蟲的鬥爭次數逐漸增加，在辣椒株上吸汁的次數變少，反而比劣勢者更短命。尤其由多隻雌蟲組成的巨群，容易變成其他雄蟲交尾的目標，不僅雌蟲群的維持愈來愈困難，也常遭受外來雄蟲的入侵，造成多隻雄蟲在雌蟲群中同時交尾，陷入一種不倫群交的狀態。

雄蟲與雌蟲交尾通常需要四十五分鐘的時間，才能使精子充分送到雌蟲體內，對劣勢雄蟲來說，此時正是入侵偷香的好機會，何況一個雌蟲群通常由五、六隻雌蟲組成，多時甚至超過十隻。瘤緣椿象成蟲的性比通常爲1:1，因此雌蟲群隨時都有多隻流浪雄蟲在旁虎視眈眈、伺機入侵。

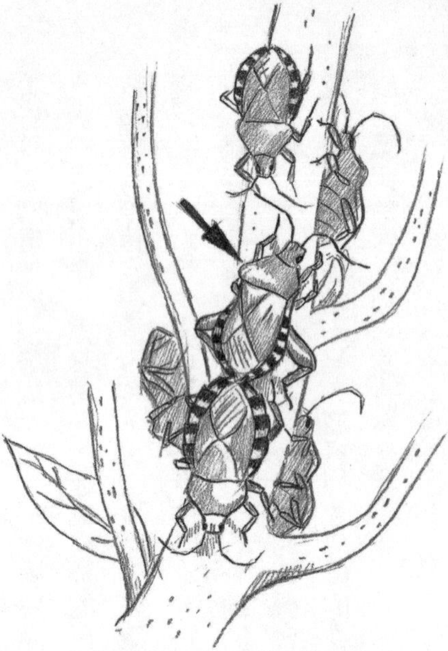
交尾中的瘤緣椿象，箭頭指的是雄蟲。

瘤緣椿象雄蟲粗壯的後腳腿節，以及防禦雌蟲群的鬥志，都是爲了確保繁衍後代的資源而進化來的。所謂資源，就是雌蟲群，爲了擁有這個資源，雄蟲非奮戰不可。雄蟲後腳腿節愈粗大，鬥爭時愈佔上風，也能得到更多交尾的機會，並透過繁殖，篩選出腿節更強健的雄蟲；至於雌蟲，也爲了留下生存力更強的後代，選擇與腿節粗壯且表現良好的雄蟲交尾。雌蟲對雄蟲的選擇現象不僅見於瘤緣椿象，也見於其他昆蟲，例如蟋蟀雌蟲會選擇體型大、叫聲大的雄蟲交尾，瓜實蠅雌蟲也會選擇尋偶時拍翅聲較長較大的雄蟲交尾。

在台灣另有後腳腿節發達、甚至比瘤緣椿象更明顯的數種緣椿象，例如棲息在土肉桂上的黃脛巨緣椿象（*Mictis serina*）、烏心石上的副巨緣椿象（*Paramictis valdula*）、菊科植物上的粗腿巨緣椿象（*Anoplocnemis castanea*）等的雄蟲，牠們是否也具備擁有雌蟲群的習性？若有，雄蟲又如何防衛？這些都是值得觀察的題材。

超大型求愛派對——搖蚊的求偶集團

基本上，交尾要雌、雄各一隻才能成立。但交尾以前的求偶階段，就不盡然了。有些昆蟲是單槍匹馬，有些則是多隻雄蟲組成求偶群集（lek），壯大聲勢來引誘雌蟲，下面介紹的搖蚊就是其中的典型。

搖蚊是與蚊子有近緣關係的一群昆蟲，但成蟲的口器已退化（當然不能吸血），身體比蚊子纖細，看來很虛弱，壽命也只有一個星期左右。大多數的搖蚊靜止時，會把前腳向前伸出，貼緊在牆壁、葉片上，很容易與蚊子區別。再者，搖蚊幼蟲的呼吸方式也與蚊子幼蟲孑孓完全不同，孑孓浮在水面，利用腹端的呼吸管呼吸空氣中的氧，搖蚊幼蟲則以氣管鰓吸取水中的氧。至今已知搖蚊約有七千種，棲息地自極低溫的南極至攝氏五十度的溫泉，連火山地帶的硫黃氣體噴出孔、酸鹼度（pH值）2的強酸河沼都能見到牠的蹤影，甚至在非洲砂漠中牠還能以木乃伊般的形態渡過乾旱期。

爲了尋偶交尾，搖蚊雄蟲會形成巨大的柱狀求偶群集，成員高達上千萬、甚至數億隻，也就是所謂的「蚊柱」。除了搖蚊，不少蚊蟲在求偶時也會形成蚊柱。這種習性的出現，幾乎跟牠們生活在地球的時間一樣久遠，早在兩億年前的中生代二疊紀中期，牠們就以這樣的求偶形態出現了。

以大搖蚊（*Chironomus plumosus*）爲例，形成的蚊柱直徑約一公尺、高約二十公尺，為了避免鳥類捕食，牠們通常在鳥類回巢休息、也就是日落後三十分鐘左右，才形成數根壯觀的蚊柱，約半小時後停止群飛，蚊柱也隨即消失。在日出前還有一次形成蚊柱的現象，時間也是大約三十分鐘，規模比傍晚的小很多，但也都避開了鳥類活動的時段。蚊柱從形成到消失期的變化，近年來已成為昆蟲生態、生理學者研究生物時鐘機制的好題材。

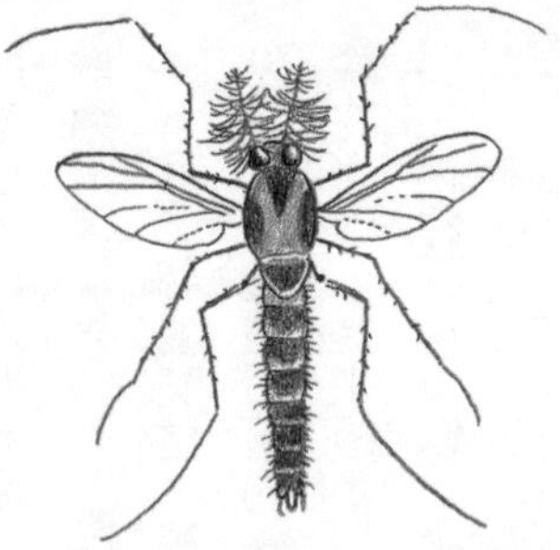

大搖蚊

在蚊柱中群飛的大搖蚊雄蚊，拍翅時會發出特有的聲音，引來對這種聲音有回應的雄蚊加入蚊柱，蚊柱因此愈來愈大。這種「聚蚊成雷」的聲音對雌蚊也具相當的誘惑，不過當雌蚊飛來，雄蚊們馬上「見色忘友」，展開激烈的爭雌戰，幸運交尾的雄蚊才能留下後代。交尾時，雄蚊停止飛翔，並將腹端的交尾器吊在雌蚊腹端，然後由雌蚊飛翔帶離蚊柱，經過約一分鐘的交尾，雄蚊便離開雌蚊而告壽終。至於雌蚊，完成交尾後就靜止在植物、牆壁上產卵，產下由一千五百至一千八百粒形成的卵塊，再以後腳夾著起飛，將卵塊投在適合幼蟲生活的水域。大搖蚊算是搖蚊中最大型的一種，但就體長僅一公分的雌蚊而言，帶著近二千粒卵飛翔，還是件艱苦的工作。

當然，雄蚊引誘雌蚊交尾也非易事，在一次大搖蚊調查中，以捕蟲網採集蚊柱，一共採得一萬零三十二隻，其中雄蚊為一萬零四隻，雌蚊只有二十八隻，根據最單純的計算，在約三百隻雄蟲中只有一隻得以交尾。

搖蚊拍翅時所發出的音波，依種類、雌雄而異，如此可避免不同種類搖蚊間的雜交，這就是所謂的「生殖隔離」，因而才能夠分化出多達七千種的搖蚊。由於不少種類的搖蚊幼蟲生活在有豐富營養、受到污染的水域，成蟲具有趨光性，使牠們成爲都市郊外極不受人歡迎的騷擾性害蟲。爲了防治牠們，出現了音響誘殺器，也就是利用誘殺器發出的音波來誘殺搖蚊。但搖蚊喜歡的音波依種類而異，大搖蚊最容易反應的是270～300Hz，紅搖蚊（*Tokunagayusurika akamusi*）反應150Hz，因此，要開發出能誘殺多種搖蚊的萬能誘殺器相當困難。

附帶一提，傳統式墓園常有凹窪之地，很適合搖蚊幼蟲的發育，而且這裡發育的搖蚊容易受到發光性細菌的寄生，由於體表布滿發光性細菌，當搖蚊在墓地附近成群飛翔時，宛如形成一道光柱，常被人們視爲駭人聽聞的靈異現象，賦予各種穿鑿附會之說。

試想一根蚊柱高達二十公尺以上，密集了數千萬隻雄蟲，飛翔時爲何不會撞在一起？看來牠們具備了極精密、以聽覺控制飛翔行爲的生理機制，如果應用這種機制在軍用機上，或許能開發出高性能的戰鬥機群吧。

變裝求生存——玉帶鳳蝶的擬態進化

擬態是將自己的形態、甚至行爲，模倣成另一種動物，以達到嚇阻害敵的效果，這是不少動物保護自己的策略之一。此時被模倣的動物通常體內都有毒，並且具有明顯的體色、斑紋等，害敵們透過學習，知道對方不適合作爲食物；擬態者便是藉由模倣牠們的外部形態，來逃避害敵。當擬態者受到攻擊時，害敵因爲曾經嘗過被模倣者的臭味、劣味，就不敢再攻擊擬態者。

雖然擬態的策略受到一些限制，仍不失爲一種有效的辦法，一些昆蟲的確依此方法存活。到底這種擬態特性當初是如何發生及演變？在什麼時候發揮效果？在同種昆蟲族群中，這種策略如何擴散？擬態效果該如何評估？這些都是極有探討價值的問題，但過去鮮少有人聞問，有關擬態的研究幾乎僅限於在網室裡調查捕食者對擬態種的忌避效果，直到最近在玉帶鳳蝶（*Papilio polytes*）擬態型族群動態的研究中，似乎才揭開了上述問題的部分謎底。

玉帶鳳蝶廣泛分布於台灣及東南亞，常出現於柑桔園。雄蝶翅膀呈黑色，後翅有一排黃白色斑紋的橫走斑列；雌蝶後翅的斑點可分爲三種；一種是與雄蝶相同的斑紋（第一型），一種是類似紅紋鳳蝶（*Pachliopa aristolochiae*）的斑紋（第二型），另一種是類似赫克鳳蝶（*Papilio hector*）的後翅（第三型）。在此把問題簡化，只介紹目前玉帶鳳蝶分布北限、在日本八重山群島的玉帶鳳蝶第一型與第二型雌蝶的族群動態。就遺傳特性而言，第二型的遺傳基因是顯性，染色體的組合爲AA或Aa；第一型的是隱性，染色體的組合爲aa。雄蝶的遺傳基因雖爲AA，卻因爲缺乏呈現顯性的因子而仍呈第一型。

玉帶鳳蝶很早就分布於沖繩，但第二型所模倣的紅紋鳳蝶並不見於沖繩。因此，除少數島嶼外，沖繩群島的玉帶鳳蝶雌蝶以第一型爲主。若有第二型，其比率頂多只佔百分之二十。但自一九六八年起，最靠近台灣的八重山群島有紅紋鳳蝶遷入；一九七五年，位在八重山群島北方的宮古群島也證實有紅紋鳳蝶。此後在宮古群島的

玉帶鳳蝶的雄蝶，與雌蝶形態幾乎相同

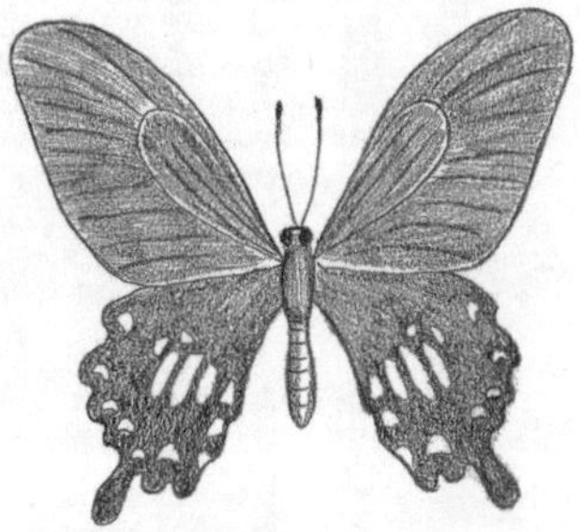

擬態紅紋鳳蝶的玉帶鳳蝶雌蝶

紅紋鳳蝶

雌蝶中，第二型所佔比率（擬態率）逐漸增加，到一九八六年已達約百分之五十，但之後不再增加，一直維持在百分之五十左右。爲什麼擬態率到了百分之五十後就不再增加？原因就是前面提過的，擬態的效果是依捕食者的經驗與學習能力而定。也就是說，當被模倣種（紅紋鳳蝶）的隻數多於擬態種（玉帶鳳蝶第二型雌蝶）時，捕食者才有充分學習劣味的機會；而擬態種愈多時，捕食者被騙的機率愈低，學習效果愈差。同時很可能第二型雌蝶尋偶、產卵等的能力，遜於第一型，以致不能留下和第一型相同數目的後代。

爲了證明這一點，以下列公式計算被模倣種（紅紋鳳蝶）與第二型玉帶鳳蝶的相對密度，從所得的數值可知擬態型的效率。

利用這個公式計算在八重山、宮古群島等島嶼實際採集的紅紋鳳蝶、玉帶鳳蝶雌蝶數，得知紅紋鳳蝶愈多的島嶼，玉帶鳳蝶雌蝶的第二型所佔的比率愈高。

從網室的試驗也得知，喜歡捕食蝶類的鳥類在啄食紅紋鳳蝶後，對擬態型的玉帶鳳蝶第二型雌蝶有忌避的現象。爲了瞭解在野外的情形，在試驗室大量飼養玉帶鳳蝶，將所得的第一型和第二型雌蝶經標識後釋放於野外，調查這兩型雌蝶的存活時間。結果在沒有被模倣種及擬態型（第二型）的島嶼，第一型雌蝶的壽命比第二型

$$\frac{\text{紅紋鳳蝶數（被模倣種）}}{\text{玉帶鳳蝶雌蝶數＋紅紋鳳蝶數}} \times 100 = \text{擬態型效率}$$

長；換句話說，被捕食的第二型多於第一型。在被模倣種與擬態型皆有的島嶼，第一型與第二型的被捕食率大致相同。爲何如此？原來在沒有被模倣種及擬態型的島嶼，此區的鳥類不曾嘗過被模倣種的劣味，第二型雌蝶無法在此發揮牠的擬態效果；加上所釋放的第二型蝶因爲外觀顯眼而容易被鳥類捕食。在有被模倣種與第二型棲息的島嶼，由於第二型雌蝶已佔整個雌蝶的一半，達到飽和狀態，若再添加，將降低鳥類對被模倣型的學習效果，因此第二型受到與第一型相同程度的捕食壓力。

但問題似乎沒有這麼簡單，我們仍要考慮雄蝶的交尾偏好性。玉帶鳳蝶雄蝶以雌蝶翅膀的黑底配白色斑紋爲特徵，尋找對象交尾。由於第二型翅膀上的白色斑紋比第一型大，雄蝶應該也會以第二型雌蝶爲交尾目標。事實上，剛羽化的雌蝶較容易和雄蝶交尾，此時交尾的雌蝶卻都是第一型。就雌蝶而言，爲了更有效地利用成蟲期，翅膀尚未硬化、無法飛翔時就已能夠完成交尾。而剛羽化的玉帶鳳蝶會將翅膀展開約兩個小時，等著變乾、硬化，同時進行約一個小時的交尾。觀察雌蝶展開的翅膀即知，第一型雌蝶後翅的白紋仍清楚可見，但第二型後翅上的白紋卻有部分被前翅覆蓋，即呈一隻幾乎全黑翅膀的雌蝶，如此使得雄蝶不易發現，而失去交尾的機會。

對雌蝶而言，翅膀還未硬化或交尾時，行動遲緩，容易被鳥類捕食。如果翅膀的硬化過程與交尾同時，便可以提高生存的機會。再者，玉帶鳳蝶交尾後馬上可以產卵，所以第一型雌蝶可增加產卵數。第二型雌蝶雖然有這項缺點，但依靠被模倣種而生存，也能彌補原有的缺點。不過，隨著第二型的密度增加，鳥類對被模倣種的學習效果降低，擬態效果也跟著降低，以致第一型與第二型總是在各佔一半時，即達到平衡狀態。

夠「色」才有機會——昆蟲的視覺求偶

我們常說「百聞不如一見」，的確如此，以尋偶來說，能夠以眼睛看到交尾對象，應是最確實的尋偶方法，但要做到這個地步有三個條件：一、尋偶時段最好在白天，所以利用視覺尋偶的昆蟲以白天活動爲主；二、本身應有較發達的視覺，所以白天活動的昆蟲都有大型的複眼，尤其一些蠅類的雄蟲爲了有效地尋找雌蟲，複眼比雌蟲的大許多，因此常可以複眼大小作爲辨別雌雄的依據；三、本身應具備對方容易認得出的體型、體色，雖然這種措施要冒著易受害敵攻擊的危險，但是爲了留下更多後代，只好付出代價。由於這三個條件牽涉範圍甚廣，在此僅就昆蟲的體色來探討。

談到昆蟲或其他動物的體色，最爲人熟知的便是如保護色、警戒色等爲了保命而演化的體色，但也有爲了凸顯存在的「標識色」。就白天活動、尋偶的蝴蝶來說，身體最明顯的部位就是翅膀。多種蝴蝶翅膀背面與腹面的顏色、花紋完全不同，腹面大多爲不起眼的灰色、褐色等保護色。休息時把翅膀豎起來，露出腹面，可以收斂色彩維護安全；飛翔中或剛羽化的雌蝶，爲了翅膀盡快硬化，會展開翅膀，露出背面的標識色，來吸引求偶的異性。

例如豹紋蝶（*Argynnis spp.*）等的雌蝶，搏翅飛翔時，翅膀背、腹面的顏色能夠吸引雄蝶，如果製作相同顏色的模型翅膀讓它搏動，還是能夠吸引雄蝶。當雄蝶發現飛翔中的雌蝶，會展開追蹤；雌蝶降落時，雄蝶也會隨之降落一旁，然後展開翅膀，低著頭以觸角觸摸牠的身體，並用嗅覺確認牠是不是同種的雌蝶，然後才交尾。整個過程就是先依賴視覺尋找交尾對象，然後藉由對方的動作、體臭來確認身分。

甘藍紋白蝶（*Pieris rapae*）也利用翅膀顏色作爲尋偶的訊息。觀察甘藍紋白蝶即知，無論雌、雄蝶，翅膀背、腹面的顏色看來大致相同，然而，經過紫外線的反射就會有所不同。雌蝶的白色翅膀腹面略帶黃色，對雄蝶頗有吸引力。由於幼蟲食物爲十字花科植物，爲了方便產卵，雌蝶經常飛翔在蔬菜園，飛舞的雌蝶當然會露出翅膀腹面，休息時翅膀豎起來，更能露出翅膀腹面來吸引雄蝶。然而，若是雌蝶已交尾準備產卵，周圍仍有雄蝶糾纏，勢必會妨害牠產卵，因此，雄蝶若飛近，牠便會展開翅膀，露出不具吸引力的翅膀背面，表示拒絕交尾，甚至還會舉起腹端，擺出雄蝶無法跟牠交尾的姿勢。

值得注意的是，大多數昆蟲的尋偶，並不是單靠一種感覺系統，而是依賴數種感覺系統，經過逐次確認後才進入最後的交尾階段。因爲對大多數昆蟲來說，能夠尋偶、交尾（雌蟲還有產卵的工作）的成蟲期並非很長，爲了避免找錯對象，把握短暫的成蟲期，牠們都具備有精微且嚴謹的尋偶機制。

例如在夜間或樹林中活動的多種昆蟲，由於光線缺乏，會分泌引誘交尾對象的化學物質——性費洛蒙。但這些昆蟲的嗅覺或所分泌的化學物質，並非決定性的因子。以蛾類爲例，大多數的雄蛾羽化不久就能飛翔，一嗅到性費洛蒙的氣味便尋味飛去，但飛到近距離時，牠還是會以視覺尋找雌蛾，再以觸角碰觸，非得驗明正身才與對方交尾。

再以青斑蝶（*Parantica sita*）爲例。初夏常出現於山坡地的青斑蝶，在遷移到山坡地之前就已完成羽化、尋偶、交尾等工作，過程如下：上午，隨著溫度上升，成蟲起飛、吸蜜；到了中午，略爲休息後開始尋偶。雄蝶展開翅膀曬太陽，並從腹端伸出所謂的香筆毛（hair pencil）擦抹後翅後緣部的發香鱗，讓發香鱗沾上誘引雌蝶的一種氣味，這種氣味大致可以維持一小時。此後雄蝶到處飛翔，或停在一個地方等候雌蝶光臨，這時雄蝶還是得依賴視覺辨認，如果別隻雄蝶接近，牠就起身驅趕，然後再回到原處等待雌蝶。若發現雌蝶，雄蝶便會朝牠接近，並盤旋飛舞二、三回，然後飛到牠前面約二十公分處，忽然展開香筆毛，微微搏翅滑翔一陣子。此時的雌蝶，就像被雄蝶發散的氣味吸住似地，一直跟著雄蝶飛。不久，雌蝶停止飛翔並降落，雄蝶也跟著降落一旁，把前腳掛在雌蝶翅膀基部，雌蝶隨即彎下腹部，露出交尾器，雄蝶也彎曲腹部，以交尾器連接雌蝶的身體，吊在半空中，並把腳掛在附近的小樹枝上以支持身體，展開五至六個小時的交尾。

從上面提的這些例子可以看出，雖然昆蟲的視覺必須在近距離時才能發揮作用，但尋偶過程中，仍然扮演舉足輕重的地位。

雌、雄負蝗慧眼獨具？——籠統視覺系統的好處

負蝗（*Atractomorpha lata*）是生活在草地上、體呈綠色的蝗蟲，雌蝗體長約五公分，雄蝗卻只有三公分左右，常見雌蝗身上背著雄蝗，牠們的名字因此而來。由於晝行性，雄蝗尋偶的第一階段也是以視覺認知對方，在草地觀察，大致可以看到以下的情形：雄蝗活潑地四處跳躍尋找雌蝗，就在落腳處剛好看到雌蝗，便慢慢將身體朝向雌蝗。雌蝗一看到雄蝗就左右搖擺身體，腳下的草葉也跟著搖動，搖擺十多次後，雄蟲也左右搖擺回應，且邊搖邊接近雌蝗。雌蝗雖然不移動，但仍不時以搖擺來回應雄蝗，當距離約五公分時，雄蝗忽然跳到雌蝗背上交尾，時間可長達兩個小時之久。

簡單地說，雄蝗的尋偶行爲歷經了四個階段：認知雌蝗↓接近雌蝗↓跳到雌蝗背上↓交尾。但雌蝗如何判別與草葉同爲綠色的雄蝗，並以搖擺做回應？原來雄蝗的身體構造和紋白蝶相同，具有吸收紫外線的作用，因此從雌蝗的複眼看來，雄蝗與周圍

的草葉比較，略呈紫黑色。雄蝗則完全依賴視覺來察覺雌蝗，若在雄蟲尋偶的草地上，置放與雌蝗大小相彷的綠色木塊，再搖幾下，雄蝗就會認為它是雌蝗，馬上跳過來，再以跗節上的感覺器確認是否為正確的交尾對象，然後決定下一步的行動。

在自然條件下，雖然多數昆蟲都用這種方法尋找交尾對象，但為何跳上去才發現跳錯對象呢？原因在於昆蟲的感覺系統不像高等動物那麼完整。昆蟲的感覺系統大約由一百萬個神經細胞所形成，接受外面來的刺激，再傳導到神經節引起肌肉的運動。相較之下，人體的感覺神經系統精密得多，約由一兆個神經細胞組成，相當於昆蟲的一百萬倍。不過，從另一個角度來看，這麼不完美的感覺系統，居然也是促使昆蟲能有繁榮地位的原因之一。

以柑桔鳳蝶（*Papilio xuthus*）為例，幼蟲取食柑桔等芸香科植物的葉片，因此雌蝶以芸香科植物所揮發出的特殊氣味為線索，尋找幼蟲食草植物在此產卵。但當雌蝶不小心把卵產在幼蟲不能吃的葉片上時（芸香科植物上有時纏繞著其他蔓性植物），情況就不一樣了。剛孵化一天的幼蟲不取食還能到處活動，此時幼蟲大都能夠爬到可食的葉片，但少數幼蟲則會因為爬到地面找不到食物而餓死。一隻柑桔鳳蝶雌蝶的平均產卵數超過一百粒，因此餓死的幼蟲數並不影響大局。不過，如果雌蝶具有性能更佳的產卵用感覺器，能在多種植物密生的叢林裡，準確地將卵產在芸香科植物上，所耗費的資源，勢必讓牠無法在兩週的產卵期產下一百粒卵，結果反而會降低牠的繁殖力。如此看來，略爲籠統的感覺系統對昆蟲仍是有好處的。

至於以雌蝶混合黃色與紫外線的翅膀腹面爲目標的甘藍紋白蝶雄蝶，所感受的黃色濃淡度與紫外線的混合比例，有相當大的變化，因爲雌蝶翅膀顏色依陽光照射的方向而不同，而陽光的照射條件又時有變化，不但早晨、中午、下午有所差異，晴天、陰天或春、夏、秋、冬季也各不相同。當雄蝶的視覺系統過於準確時，牠只能在特定的氣象條件下才找得到雌蝶。如此籠統且全天候性的感受性，反而有利於牠們的繁衍。雖然當通融性過大時，錯誤率相對提高，不過，目前活躍於地球的多數昆蟲，感覺器在準確度與通融性上都保持良好的平衡，像雄負蝗碰到外形類似雌負蝗的物體，先跳上去檢查一番，再決定下一個步驟，就是其中一例。

破解求愛密碼——柑桔鳳蝶翅膀上的條紋

三月的春天，果園裡柑桔開始萌芽時，不難發現一些翅膀上有黃、黑條紋的鳳蝶，其中後翅有尾狀突起的是前一單元介紹的柑桔鳳蝶，形態類似但沒有尾狀突起的則是無尾鳳蝶（*Princeps demoreus*）。一般而言，柑桔鳳蝶的雌蝶腹部較胖，但乍看之下，還是很難分辨雌雄。牠們是如何尋找自己的同類交尾呢？

和許多其他蝴蝶一樣，柑桔鳳蝶的雄蝶爲了尋偶而飛翔。如果準備一些柑桔鳳蝶雌蝶和雄蝶的乾燥標本，固定在約一．五公尺高的竹竿上，於上午柑桔鳳蝶飛翔活動的時刻，將竿子插在柑桔園中牠們容易發現的地方做觀察。結果顯示，無論標本是雄或雌，雄蝶一發現標本，就飛到標本上用前腳觸摸。若標本是雄蝶，觸摸完就飛走，若是雌蝶，時間就長些。從此得知，雖然已死亡，且乾燥、不發出任何氣味的標本，只要仍具備外形，不論性別如何，仍會引起雄蝶的興趣。

到底是標本的哪些部分讓雄蝶感興趣呢？是不是翅膀的形狀？去掉翅膀，以各種顏色的色紙剪成該蝶翅膀的形狀，黏在標本身體兩側，看看是否能吸引雄蝶。結果發現，無論是紅、白、黃、黑色的翅膀，都誘不到雄蝶，顯然單一顏色的翅膀沒有引誘效果。接下來，再試試切掉原標本翅膀的黃色部分，只剩下有中空格子的黑色翅膀，在此格子下墊不同顏色的色紙，如此便有紅、綠、藍底加黑條等翅膀，甚至還可不放色紙做出黑色翅膀內有中空的假蝶。結果發現，墊有黃色紙片的黃黑條紋翅膀才能引誘雄蝶，看來黃、黑的顏色組合才是誘引雄蝶的關鍵。

爲了進一步證明，再用各種顏色的簽字筆塗掉翅膀的黃色部分，看看雄蝶的反應！結果相同，只有在原來黃色部位塗上黃色的翅膀才有吸引力。接著再來看看標本的形狀對雄蝶的引誘有什麼影響。剪掉身體部分，將前、後翅黏在透明玻璃板，或者將後翅的尾狀突起也剪掉，發現只要黃黑相間排列的條紋就可發揮作用，顯然形狀並不具有重要的意義。

既然如此，就不考慮形狀，看看黃黑條紋如何排列才能引誘雄蝶。利用長七公分、寬五公分的厚玻璃板，用黑色簽字筆完全塗黑，然後貼上從翅膀剪下來的各種型式的黃色部分。

從利用雌蝶標本的預備引誘試驗中得知，雄蝶飛到距離雌蝶約一·五公尺處，就可發現雌蝶，並朝向雌蝶直撲而來。但距離在二公尺外時，雄蝶似乎看不到雌蝶。因此，先暫定一·五公尺爲雄蝶的可視範圍，記錄飛翔至這個範圍內的雄蝶反應，並將雄蝶的反應分成「接近玻璃板」與「觸摸玻璃板」兩種。所謂「接近」，是指雄蝶發現目標，轉換方向飛近玻璃板，但中途發現對方不是雌蝶而飛走；「觸摸」則指雄蝶飛抵玻璃板，且至少以前腳觸摸一下玻璃板。

對於眞正的雌蝶標本，幾乎所有飛進的雄蝶，離標本一·五公尺可視範圍內，都表現了觸摸標本的行爲；七條黃紋的(2)號玻璃板，約有百分之八十的雄蝶接近它，「觸摸」的僅百分之三十；當加寬黃條間隔時，引誘效果降低（見68頁表之(3)、(4)）；縮小黃條間隔時，雖然接近的雄蝶明顯增加，但多數雄蝶在中途就轉向飛離（見(2)）。玻璃板(6)的黃色圓紋引誘效果不好，以兩個小圓紋排成一行的玻璃板(7)幾乎不能引誘雄蝶。但當三個小圓紋排在一起呈條狀時（見(2)），至少半數雄蝶向它接近。

由此可知，柑桔鳳蝶雄蝶尋偶的第一步驟，是尋找黃黑等距間隔排列的東西，接近的過程中再仔細判斷是否值得再接近，甚至用前腳檢查一番。在後續的試驗中，利

飛進1.5公尺可視範圍內，柑桔鳳蝶對八種黃、黑色玻璃板的反應。

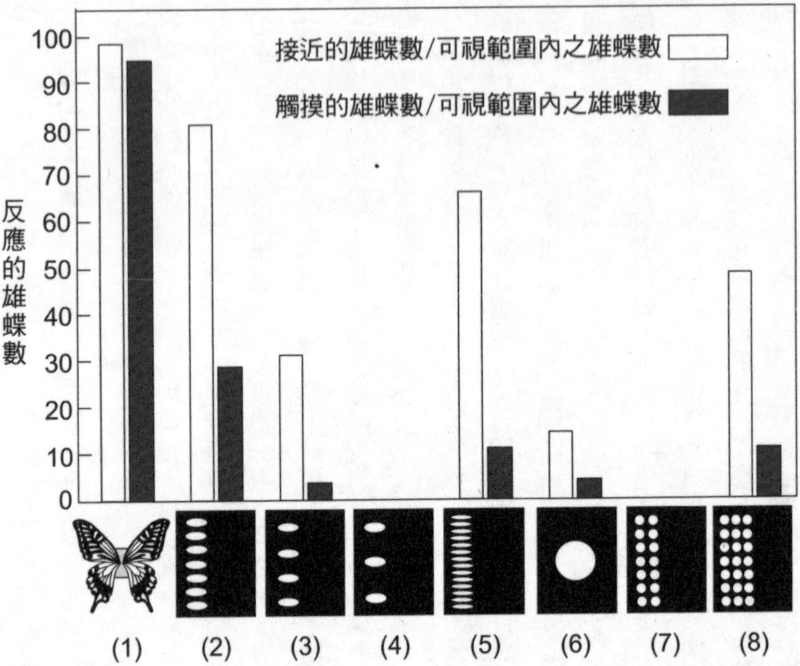

用更細長的塗黑玻璃板貼上七條黃紋，但它對雄蝶的引誘效果仍差。由此看來，黑底黃色條紋與黃色條紋的間隔，是引起柑桔鳳蝶雄蝶尋偶行爲的關鍵。

前面提過，台灣的柑桔園中另有一種具黃黑條紋的無尾鳳蝶。既然柑桔鳳蝶雄蝶以黑底黃色條紋爲尋偶時的第一線索，那麼牠對無尾鳳蝶雌蝶的翅膀又會有怎樣的反應？無尾鳳蝶雄蝶對柑桔鳳蝶的雌蝶反應又如何呢？為了避免找錯交尾對象，牠們採取了何種策略？或許無尾鳳蝶雄蝶根本就不利用黑底黃色條紋當作尋偶時的依據；在無尾鳳蝶和柑桔鳳蝶同時存在的地區，說不定柑桔鳳蝶翅膀上的尾狀突起具有特殊的意義。這些都是很有意思的問題，值得深入探討。

求愛信號燈——螢火蟲的發光傳訊

炎炎夏天的夜晚，田野間常可以看到螢火蟲閃著螢光在空中漫飛、在草叢流竄，點點螢光帶來的鄉野情趣，令人玩味。全世界已知的二千餘種螢火蟲中，有明顯發光行為的頂多七百～八百種；其他一千餘種只發出微光，或幾乎不發光，雖然如此，這些螢火蟲在幼蟲期卻可能發出明顯的光線。有些螢火蟲幼蟲期的發光比成蟲期強，但也有在成蟲期才發出強光，另有雄蟲不發光、雌蟲才發光的，甚至白天活動而不發光的螢火蟲。

證實螢火蟲發光和尋偶有密切關係，是一九六六年的事。螢火蟲的發光器通常在腹部第六節或第七節的腹面，發光原理是發光器內含磷的發光質及螢光酶，和氣孔內的氧氣結合產生「冷光」，通常雄蟲的光度比雌蟲強。螢火蟲發光傳訊的方式五花八門，如斷續性發出閃光、緩慢點滅、連續發光、以微光傳訊等等，但大致可以分為以下六型。

一、**光線與氣味並用**：如秋窗螢（*Luchnuris rufa*）雄蟲飛翔時的連續發光。這類型螢火蟲的雌、雄性成蟲、幼蟲都會發出連續光，從光譜雖無法識別，但雌蟲幼蟲的發光器形態與雄蟲的完全不同，當雄蟲接近光源時，可以識別出發光者爲雌蟲或幼蟲。此外，雌蟲會分泌引誘雄蟲的費洛蒙，讓雄蟲能藉由費洛蒙的氣味確認雌蟲的位置。用這種方式尋偶的螢火蟲，觸角、複眼都很發達，適於利用光線及掌握氣味。

二、**雌蟲正確回應雄蟲的發光訊息**：如姬螢（*Hotaria parvula*）雄蟲邊飛邊發出一定間隔的閃光，尋找雌蟲。雌蟲則靜止不動，但也發出雌蟲特有的螢光引誘雄蟲，當雄蟲接近時，立刻以特殊的斷續發光回應雄蟲。雌、雄蟲各以獨特的光譜及斷續發光性，完成交尾。採取這種方式的螢火蟲都具有發達的複眼。

三、**雌雄各自發出獨特的螢光訊息**：如平家螢（*Luciola lateralis*），雌雄各以不同光譜的發光訊息尋找異性，當雄蟲接近時，雌蟲並不改變原有的發光形式。

四、**雄蟲集體週期性發光尋找雌蟲**：如日本特有種源氏螢（*Luciola cruciata*）。多隻雄蟲在飛翔中以同時點滅方式進行週期性發光，雌蟲靜止著，也不改變發光形式，雄蟲一發現雌蟲便飛近，在牠身旁發光，當雌蟲回應雄蟲而發光時，就進入交尾階段。

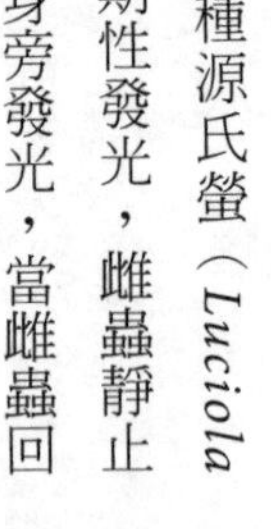

源氏螢雌蟲背面

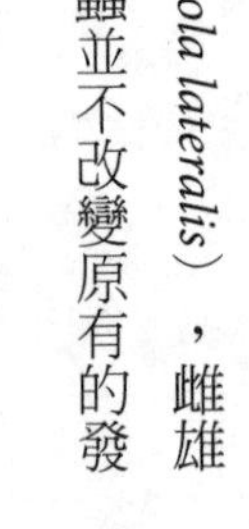

雄蟲腹面（白色部分為發光器）

五、雌、雄蟲發出連續弱光：例如褐胸螢（*Cyphonocerus ruficollis*）等白天、夜間都能活動。雌蟲先以費洛蒙引誘雄蟲，到了傍晚，或者雌蟲藏身在草叢隱密處時，雌、雄蟲會發出弱光，加強費洛蒙的引誘作用，光線強度依螢火蟲種類而有很大的差異。這種發光尋偶形式，被認爲是夜行性種類演變爲晝行性種類的一種過渡現象。

六、不使用發光信號：如姥螢（*Lucidina biplagiata*）等晝行性螢火蟲。牠們幾乎不發光，主要利用費洛蒙來引誘交尾對象，因此觸角通常都很發達、大型且有分枝，以廣大的觸角表面積感受嗅覺上的刺激。

在介紹螢火蟲生態的書本或影片上，常可見到多隻螢火蟲聚在一棵樹上發光的畫面，整棵樹璀璨亮麗，宛如聖誕樹。形成聖誕樹的螢火蟲種類依地域而不同，以巴布亞綠光螢（*Pteroptyx effulgens*）爲例，牠分布於巴布亞新幾內亞，體長約七公釐，雄蟲發出黃色光，雌蟲發出綠色光，整棵樹從雌蟲的綠色光開始，接著停在樹冠較下層的雄蟲以黃色光回應，到了雄蟲發光的盛期，雌蟲亮著綠光，飛近雄蟲並交尾。

螢火蟲喜歡群集的樹並沒有特定的樹種，不過似乎偏好特定的樹型和葉片繁茂度，而且，新羽化的螢火蟲會陸續集合在該棵樹發光。其實聚集於該棵樹的不只螢火蟲，不少外型類似螢火蟲的金花蟲、郭公蟲等也會躋身其中，此外還有小型的蛾類、蟋蟀等，牠們藉用鳥類對螢火蟲的忌避性，擬態螢火蟲，躲在螢火蟲中來迴避鳥類的捕食。爲何如此？原來螢火蟲無論成蟲或幼蟲身上都有一股異臭，用螢火蟲餵飼一些食蟲性動物時，牠們會拒吃，或者吃進去後馬上吐出來。嘗過螢火蟲的捕食者記住「發光者劣味」的經驗，從此不想再捕食螢火蟲；尤其幼蟲單調的連續性發光，對捕食者有警告作用。

原本作為警戒的發光，後來陸續發展出各種不同的發光器、光譜等構造或機制，用於尋偶，這再一次驗證昆蟲為了立足於大自然做了不少的努力。美麗螢光的背後是大有玄機的。

聽聽我——昆蟲的聽覺

蟬、螽蟴、蟋蟀等為了尋偶而善鳴，這些昆蟲既然會叫，必定具有感受聲音的聽覺器。當然，昆蟲之所以發出聲音，或是聽覺之所以存在，目的不止於尋偶，還有守護領域、保全生命的作用。雖然效果如何不易評估，但過去人們為了趕走飛蝗，確實有過大鳴銅鑼，甚至燃放大砲的作為。

雖然蝨子及一些洞穴性昆蟲的複眼已退化，但大部分的昆蟲都具有複眼，而且多數節肢動物複眼的位置及構造都很相似，可見複眼是很基本的感覺器。但聽覺器就不同了，昆蟲中具備聽覺器的僅屬少數。與視覺器官相比較，昆蟲的聽覺器的確是個很特殊的存在。

昆蟲的聽覺器形狀和存在位置可說五花八門。例如螽蟴、蟋蟀的前腳脛節具有發達的耳朵，蝗蟲的耳朵在第一腹節側面，蟬的耳朵在第二腹節的腹面，天社蛾、夜蛾、毒蛾的耳朵在後胸部側面，蚊子等的觸角基部具備感受聲音的器官，有些昆蟲則在體表有感覺毛來感受聲音。

聽覺器是動物登陸後，在大氣中生活後才用得上的。已知魚類以側線感覺聲音和保持身體的平衡，開始陸棲生活的脊椎動物將魚類側線部的前庭器官加以改良，造出聽覺神經，因此處理聽覺資訊的神經系統（聽覺路徑）仍位在大腦基本部分的外側。

話題回到昆蟲。昆蟲外被又硬又厚的幾丁質外骨骼，外部傳來的聲音都會被外骨骼反射回去，不過聽器鼓膜部分的幾丁質特別薄，蛾類的鼓膜只有0.5μ的厚度，蟋蟀的是2-3μ（1μ爲千分之一公釐），而且連接到氣管延伸的空洞部分。例如蟋蟀連接鼓膜的氣管上有感覺（神經）細胞，蝗蟲、蛾類的鼓膜上有細長的感覺細胞。蟋蟀、螽蟴的鼓膜在前腳脛節，旁邊有由多數感覺細胞形成的「膝下器」，蟋蟀在步行時，前腳碰到自然而起的振動，或從地面傳導的振動，「膝下器」都感受得到。

那麼昆蟲能夠聽到怎樣的聲音呢？聲音的性質可用音波數與音壓兩種指數表示。音波數就是一秒中引起的空氣振動次數，以Hz（赫茲，1000Hz=1KHz〔千赫〕）表示；音壓就是我們平常所講的聲音的大小，以dB（分貝）爲單位表示。從神經系統的反應試驗結果得知，夜蛾可反應0.2-100KHz的聲音，蝗蟲可反應0.5-20KHz的聲音，騷螽（*Mecopoda* spp.）可反應2-100KHz的聲音。此外，在利用黃斑黑蟋蟀（*Gryllus bimaculatus*）以4.5 KHz音波測試的試驗中得知，牠左、右腳上的鼓膜對從身體正前方或正後面來的聲音，有相同程度的聽覺能力，但對左方或右方來的聲音則有明顯的差異，當聲音來自左方時，左腳鼓膜能夠感受到的聲音，右腳鼓膜要有它的六倍才聽得到。換句話說，黃斑黑蟋蟀是依據左、右腳鼓膜敏感度的差異來判斷音源的方向，因此若以凡士林塗塞任何一邊的鼓膜，牠就會失去判斷方向的能力。

已知蟋蟀的叫聲包括雄蟲宣示存在的呼叫、威嚇另一隻雄蟲時的嚇叫，與雌、雄蟲間的求愛鳴叫。呼叫及嚇叫的聲音大致為5KHz；求愛鳴叫則是14-15KHz的超音波，這種聲音人耳聽不到，在人看來牠們只是默不作聲地振動翅膀。蝙蝠發出的超音波則為30-100KHz，牠們以回聲來定位，飛翔於黑暗的森林裡獵食，看似神出鬼沒，但夜蛾、草蜻蛉之類，拜身體構造之賜，竟可以感受到蝙蝠的超音波，並以急速改變飛行方向來迴避攻擊，真是不可思議。

尺寸大小有所謂——草蟬雌蟲選丈夫的標準

初夏時常聽到各種蟬的叫聲，其實叫的都是雄蟬，雌蟬是啞巴。雄蟬為了引誘雌蟬，常成群聚集在一起大聲鳴叫，被吸引來的雌蟬就會與雄蟬交尾。

雄蟬求偶的行爲大致可分爲以下四個階段：一、雄蟬展開鳴叫，雌蟬聞聲飛來，雄蟬看到，便將叫聲從引誘的鳴聲改爲求偶的叫聲。二、雄蟬一邊進行求偶呼叫，一邊接近雌蟬，並以前腳輕打雌蟬前翅末端，但有些雌蟬會嫌忌對方，拒絕交尾而飛走。三、當雌蟬接受雄蟬的求偶時，雄蟬便爬到雌蟬背上，將交尾器移近雌蟬。四、雄蟬將交尾器插入雌蟬體內，完成交尾後，各自離開。

有些雌蟬飛到雄蟬身旁後，爲何沒多久便嫌棄雄蟬而離去？在此以草蟬（*Mogannia hebes*）爲例略作探討。草蟬是體長（至翅端）約二公分、體色略帶黃淺綠色的小型蟬，在台灣成蟲自三月間出現，是羽化、鳴叫最早的蟬，常待在禾本科植物或草原中叢生的乾性羊齒植物上鳴叫。

聽到雄蟲鳴叫後，草蟬雌蟲會主動接近雄蟲，但當雄蟲改變求偶聲，並以前腳輕打牠的前翅末端時，有時雌蟬竟然改變心意拒絕雄蟲，儘管如此，雄蟲仍不死心，繼續輕打，直到雌蟲飛走爲止。推想雌蟲嫌棄的原因，一是不喜歡雄蟲的求偶叫聲，一是不喜歡雄蟲輕打的方式或不滿意雄蟲的體型。其實在被輕打的過程中，雌蟲也趁機評估雄蟲的體型，看牠是否夠格當自己的交尾對象。

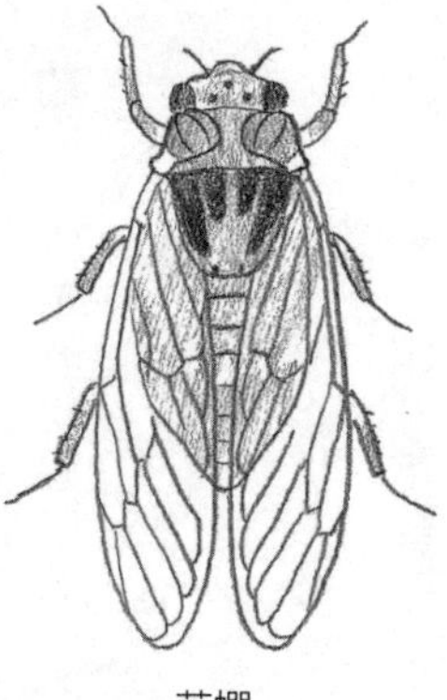

草蟬

爲了證實雄蟲求偶叫聲的效果，測量交尾成

功與被嫌棄的雄蟲兩者花的時間。結果在第一階段，兩者的引誘叫聲約達八～十五秒，差異不大；但到了第二階段，交尾成功者進行的求偶叫聲與輕打長達十五～二十五秒，而失敗者大致在前者一半時間內就面臨了被雌蟲嫌棄的命運。只就輕打時間來說，成功者經過十六．四秒的輕打，進入第三階段爬到雌蟲身上，但失敗者在平均九．三秒的輕打後就被拋棄。由此可知，雌蟲雖會被雄蟲的引誘叫聲吸引而來，但接近後仍會精挑細選，不是來者不拒。

那麼雌蟲以什麼樣的標準評估雄蟲呢？先來看看雌蟲一生的交尾次數。在一個大型網室中釋放五十五隻雄蟲，並逐日釋放新的處女雌蟬，觀察每隻雄蟲的交尾次數，結果六隻（占10.3％）雄蟲完全未交尾，交尾一次者有十九隻（占32.8％），交尾兩次者共二十二隻（占37.9％），三次者有八隻（占19.0％），但沒有交尾四次以上的。接著測定這些雄蟲的前腳長度，結果發現未能交尾者前腳長度大多介於九．三～九．六公釐之間，而交尾者的前腳長度多半超過九．七公釐。顯然前腳較長的，也就是體型較大者，較能得到青睞。由此更可推測，身體較大者具有較大型的發音器，可以發出較大的求偶聲，得到雌蟬的青睞。

至於雌蟲的生理條件會不會影響牠對雄蟲的接受度，是另一個值得探討的問題。由於雌蟲羽化後最快六個小時即可交尾，此時卵巢內已有一百五十粒左右的成熟卵，因此可以內藏一百五十粒的卵為標準，來判定雌蟲是否成熟。調查結果得知，接受雄蟲而交尾者，都是內藏至少一百五十粒卵的成熟雌蟲；而拒絕者都是未成熟者，或者體內已有精包（已和別隻雄蟲交尾）的雌蟲。

總之，不管草蟬雌蟲的卵巢是否成熟，牠都可能出現拒絕交尾的行爲，至少一些成熟雌蟲會愼選對象，拒絕某些雄蟲。循聲而來的雌蟲，接近雄蟲後，先以叫聲的持續時間來評估雄蟲體力，並趁雄蟲以前腳觸摸牠時，判斷雄蟲身體的大小。由於雄蟲有時成群發出叫聲，雌蟲只好先飛到雄蟲的群集中，再利用求偶叫聲與觸摸，來挑選合適的交尾對象。

單獨發出引誘叫聲的獨行俠型雄蟲，大多是大型且力壯，引誘來的雌蟲與牠交尾的機會也大，但這種大型雄蟲的引誘叫聲往往也會引來其他雄蟲，從而形成群聚。後來者雖然大多比先來者小，但一起鳴唱的效果大，因此，總有一些體小力弱的雄蟲混在群聚裡碰運氣，希望贏得雌蟲的芳心。

稻田裡的戀人絮語——細緣椿象的四種聲音

談到細緣椿象，首先讓人想到的就是牠那特殊的氣味，其實早在一九六〇年代的研究中，已得知不少椿象會發出聲音或以振動來互相回應，利用這樣的行爲來尋偶。在此就以細緣椿象（*Riptortus clavatus*）爲例，介紹牠如何利用聲音來尋偶。

細緣椿象體長約二公分，是一種呈黃褐色的細長型椿象，自初夏至秋季，常出現於稻田及豆科植物上，曾被列爲多種農作物的大害蟲，不過牠的爲害現在已較不受人重視了。先從雄蟲遇到雌蟲時的情形談起，雄蟲看到雌蟲後，對著雌蟲靜止不動，有時雌蟲會自動向雄蟲接近，不管是哪一種情形，接著雄蟲猛然震動身體，跳到雌蟲背上，把身體調到與雌蟲同一方向後，伸出交尾器，將腹部末端對準雌蟲腹端，試圖插入交尾器。在此過程中，雄蟲不斷搖擺身體，猛烈晃動觸角與前腳，一直持續到雌蟲展開交尾器，接受牠爲止。交尾的時間常維持二至三個小時，但這在椿象類中算是較短的。雄蟲跟雌蟲交尾後保持結合的狀態，將身體轉一百八十度，從雌蟲背上下來，此後雌蟲可自由爬行，也能攝取食物，但雄蟲只能以後退的方式跟著。

從錄音記錄與其分析結果發現，在細緣椿象一連串的交尾過程中，出現四種微小的聲音，第一種是尋偶階段，雄蟲向雌蟲定位、靜止不動時發出的聲音，第二種是雄蟲跳上雌蟲背部前發出的，第三種是雄蟲在雌蟲背上修正姿勢時發出的，第四種是雄蟲搖擺身體試圖交尾時發出的。這四種聲音的音譜各有特徵，而且不只以空氣爲媒介，也以腳下的樹葉、枝條爲媒介，傳到對方。

一般而言，椿象類的體型比蝗蟲、蟋蟀小許多；這樣小型的昆蟲，身上要發展出如直翅目昆蟲那樣發達的聽覺器，是件難事。目前在椿象體上確實未曾發現特定的聽覺器，但南方綠椿象（*Nezara viridula*）腳部跗節的膝下器已被證實有接受聲音、振動的功能，不過離膝下器一公分遠就無法感受到聲音。這樣看來，雌、雄蟲未接觸前發出的第一、二種聲音，是經由葉片、樹枝等物體傳導到對方的。

那麼椿象如何發出聲音呢？其中一種聲音來自身體表面幾丁質的微細凸凹部的摩擦。這種發音機制與蟋蟀、螽蟴摩擦翅膀發出聲音雷同。另一種發音方式是利用椿象特有的鼓狀器，這也是半翅目昆蟲成蟲慣用的方式。這種鼓狀器是幾丁質所形成的膜質部分，藉由它下面所連結的肌肉的伸縮而發出聲音。蟬的鼓狀器是最常見的一種，它位在腹部第一節側緣。至於綠椿象（*Nezara antennata*），牠的鼓狀器是由腹部第一和第二節癒合的背板所形成的，利用背部縱走肌的伸縮而振動。由於椿象不像蟬有共鳴室，因此發出的聲音不大，在牠的鼓狀器

蟋蟀雄蟲前翅的發音器

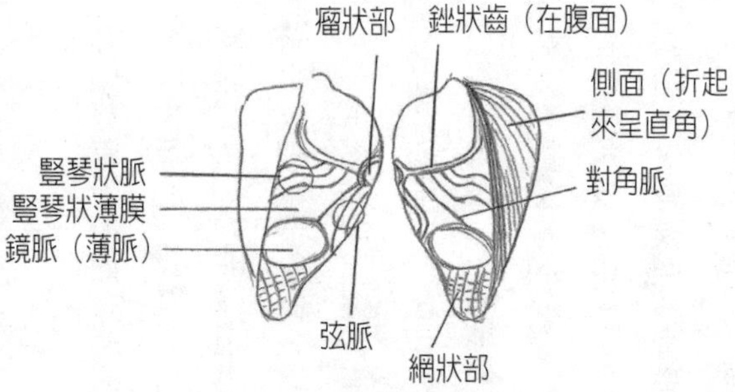

蟋蟀前翅的發音器

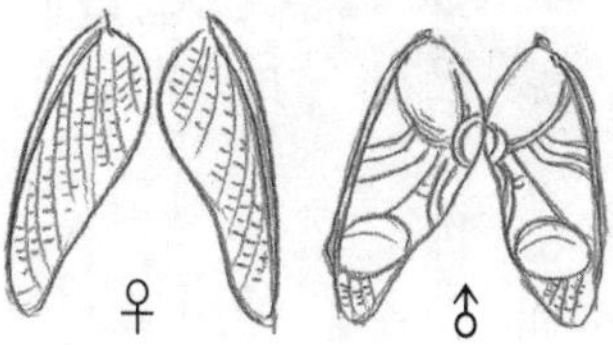

下還有一種由氣管變形而成的袋狀構造，可以降低振動的減衰速度。在利用一種土椿象*Tritomegas bicolor*的試驗中，以石蠟封閉牠的鼓狀器，牠便無法發出聲音，但細緣椿象經過相同處理後，仍能發出上述四種聲音。

如此看來，細緣椿象似乎另有特殊的發音器。正如其他單元提到的，飛蝨雌蟲以整個腹部的上下振動發出聲音，草蜻蛉成蟲、毛翅目幼蟲以腹部或全身的運動發出振動，細緣椿象雄蟲雖然發出第二種聲音時，看來幾乎處於靜止狀態，但再放大牠的動作來看，可以發現牠仍不斷地微振全身，因此也不能排除牠沒有特殊發音器的可能。

談到椿象類對聲音的反應，值得一提的是，牠們會回應人爲的聲音。舉例來說，有一種捕食性粗角椿象*Phymata crassipes*，聽到一定音率的聲音〇・〇五～三・一秒時（例如吹口哨），會模倣該音率而予以回應。這種椿象爲何會有這樣的回應行爲，至今仍不得而知，有人認爲該椿象是在模倣獵物（昆蟲）的尋偶聲音，以便引誘獵物。

奇妙的振動——飛蝨的訊息傳遞

如果用捕蟲網輕輕掃過草面，尤其是稻田，不難捕獲一些體長不到〇・五公分、形狀類似蟬的小昆蟲。這些昆蟲應是飛蝨之類。

蟬屬於半翅目同翅亞目，且是同翅亞目中體型較大的一群。最大型的蟬可能是分布於東南亞、體長超過七公分的帝王蟬（*Pomponia imperatoria*），在台灣則有體長約五公分的熊蟬類（*Cryptotympana spp.*），及體長二公分的小型蟬──草蟬（*Mogannia spp.*）等。雄蟬會發出震耳欲聾的聲音引誘雌蟬交尾，這是由於牠們體積大，腹部又有空洞的共鳴作用所導致。

那麼體型像蟬、但比蟬小很多的飛蝨呢？牠們會不會和蟬一樣，爲了尋偶而發聲？是的，飛蝨也會發出聲音，但聲音實在太小了，必須配合其他方法才能將訊息傳給對方。一般來說，能發聲尋偶的昆蟲，至少接受聲音的一方，必須具有聽器（聽覺器官），例如雌蟬的聽器在腹部的第二節腹面，蟋蟀、螽蟴類的聽器在前腳的脛節，蝗蟲的聽器在腹部第一節，蚊子利用觸角作爲聽覺器官等。不可思議的是，到目前爲止，尚未在飛蝨類身上發現相當於聽器的構造，這是怎麼一回事？飛蝨類如何去感覺同伴所發出的聲音，牠有其他的法寶嗎？

在此先略爲介紹傳導音波的物理學。聲音是一種彈性波，以氣體、液體、固體爲媒體傳播，因此，在同一種媒體傳播下，離發音源愈遠則音波愈小；但當音波轉位到不同性質的媒體時，由於反射與吸收作用，音波會減弱。在陸地生活的動物很難以身體（固體）感受空氣（氣體）中傳來的聲音，爲了克服這種困難，牠們發展出具備鼓膜等特殊構造的聽覺器官。但身體密接於地面或密貼於植物等表面而生活的動物，情形又稍微不一樣。

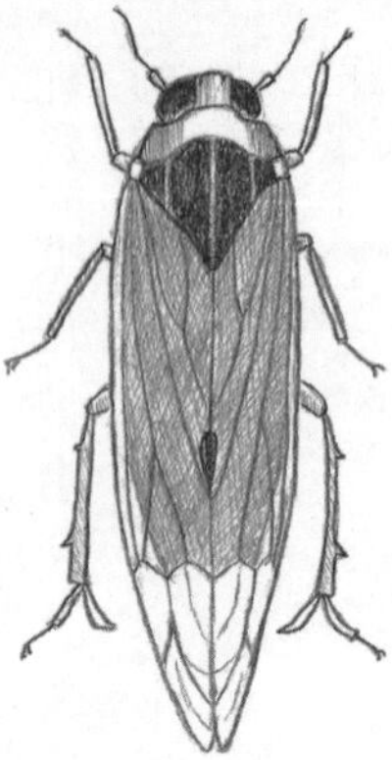

褐飛蝨

由於固體與固體之間傳導的音波衰減度不大，如果聽覺器官接近或位在固體上，儘管構造簡單，仍可感受到音波。從固體表面或水面傳來的音波叫做「振動」，對振動的感覺稱爲「振動感覺」，它與感受空氣或水中聲音的「聽覺」有所區別，像蚯蚓、螃蟹或蜘蛛之類，都具有敏感的振動感覺。缺乏聽覺器官的飛蝨，或許也是以振動感覺來維持聯繫，因爲牠們都在植物的莖葉上生活，這種可能性相當高。此外，翅膀已退化的小型蟋蟀也用振動感覺尋偶，關於這點，在〈失聲的歌手〉（見91頁）單元中會有詳細的介紹。

現在來看看褐飛蝨（*Nilaparvata lugens*）的振動感覺。取來兩株水稻，在其中一株稻莖基部放一隻雌蟲，另一株稻莖的基部附近放一隻雄蟲。當兩株的葉尖互相接觸時，雌蟲會頻繁地上下振動腹部，雄蟲則彷彿有所回應地，先爬到葉尖交接處，再移到雌蟲所在的稻株和牠交尾。若兩株稻莖的葉片沒接觸，不僅雌蟲甚少振動腹部，雄蟲也一直留在原位。由此可知，雌蟲藉由腹部的振動，在稻葉上傳遞訊息，引誘雄蟲，而雄蟲透過提供振動訊息，誘發雌蟲更頻繁的振動。

錄下褐飛蝨尋偶過程中的振動聲音，作增幅分析，可知牠們的確互相發出振動訊息。雄蟲發出的振動聲音，像蟬鳴一樣，有一定的音調；雌蟲則只能發出極單調的音波。將錄音帶在稻葉附近播放時，稻葉上的褐飛蝨，不論雌雄，都會對此錄音表現出尋偶的行爲反應。

其實這種現象也見於其他飛蝨、草蟬（浮塵子）及同屬半翅目的多種椿象身上。牠們都是生活在草叢或植物莖、葉部的小型昆蟲，以振動信號代替聲音，不僅節省不少尋偶的能源，也可避免引來害敵。從這個角度來看，發出大聲音的蟬類，才是半翅目昆蟲中的異類。至於爲何只有雄蟬會叫，雌蟬則是不作回應的啞吧，或許是不想引起鳥類注意，惹來殺身之禍吧！

利用振動波尋偶的，還有在水面活動的滑水高手水黽（Gerridae）。浮在水面的水黽雄蟲以前腳拍打水面，掀起引誘的漣漪，收到訊息的雌蟲若有意與對方進一步接觸，會掀起同意的漣漪，然後兩方互相接近，最後雄蟲爬到雌蟲背上完成交尾。

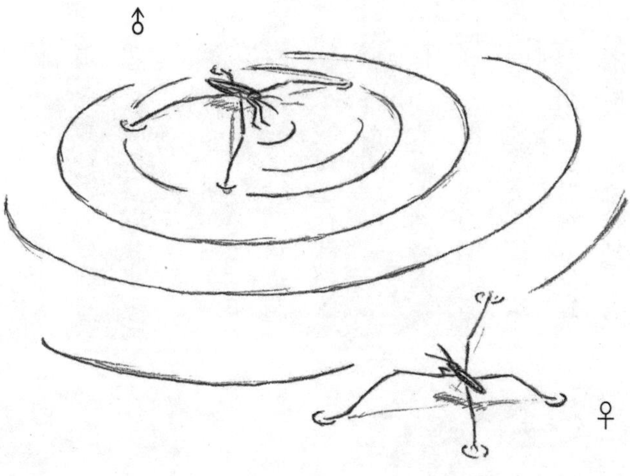

水黽雄蟲以前腳拍打水面，
掀起漣漪引誘雌蟲。

敲鑼打鼓覓良緣——石蠶的打鼓行爲

石蠶是一般人相當陌生的昆蟲，在昆蟲分類學上屬於襀翅目，和蜻蜓、蜉蝣一樣，稚蟲（幼蟲）期在水中生活。成蟲將卵產在未受污染的清澈河流，稚蟲取食水中的水苔、浮游生物，等到長爲成蟲就轉到陸上生活。

石蠶尋偶時有以腹端打葉片的行爲，也就是所謂的「打鼓行爲」（drumming behavior）。早在一八五一年，一位英國昆蟲學家就觀察到石蠶的這種行爲，但對這個現象有深入研究卻是一九六〇年代的事。由於石蠶的打鼓行爲在野外較難進行觀察，在此以短尾微石蠶（*Microperla brevicauda*）爲例，介紹在室內觀察、試驗的結果。

短尾微石蠶體長約一公分，在石蠶中算是較小型的。採集野外的成蟲帶回室內，放在紙製或塑膠製容器裡較容易傳達打鼓振動，以不透明的紙板將容器隔成兩個小房間，各放入一隻未交尾的雌蟲和雄蟲。由於雄蟲在第九腹節腹面有個匙狀突起物，雄蟲彎曲腹部，利用這個突起物打擊地板，開始牠的打鼓行爲。腹端沒有匙狀突起的雌蟲，接收到隔壁雄蟲的打鼓振動後，便上下移動腹端，跟著打擊地板。雄蟲聽到回應後，一邊循著聲音改變身體方向尋找雌蟲，一邊繼續打鼓；雌蟲雖然斷斷續續地送回信號，但始終沒有改變位置。當雌雄之間的打鼓信號產生交集後，取走中央的隔板，只見雄蟲邊打鼓邊接近雌蟲，當觸角接觸到雌蟲時，牠立刻跳到雌蟲背上，將腹部彎

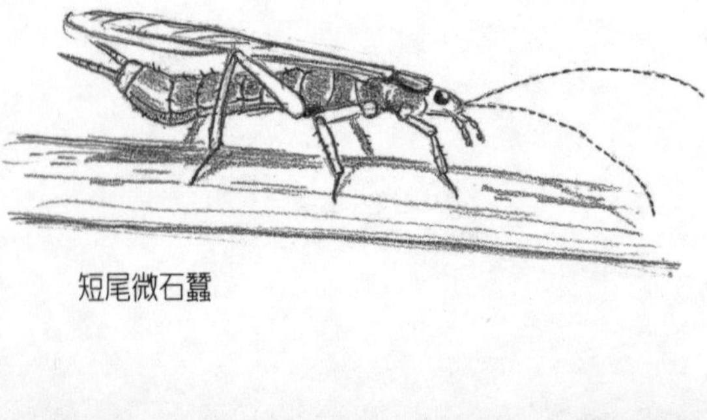

短尾微石蠶

成S字形，把腹端接到雌蟲腹端的生殖口，擺出交尾的姿勢。如果把雌、雄蟲同時放在沒有隔板的觀察箱，牠們就省略打鼓行爲，直接進入交尾階段。

交尾後的雌蟲不再反應雄蟲的打鼓信號，交尾後一至二天，體內的卵巢已完全成熟，然後在約十天的成蟲期內分二至四批產卵，產卵後也不再反應雄蟲的打鼓信號。也就是說，雌蟲對打鼓信號的反應只限於未交尾以前，而且只交尾一次；不過，交尾後的雄蟲仍會尋找下一個交尾對象，且繼續打鼓行爲。

目前已知的石蠶種類超過一百五十種，綜合分析牠們的打鼓行爲，發現具有下列的共通特徵：一、進入交尾期的成蟲都有打鼓的習性；二、打鼓行爲皆由雄蟲發動、雌蟲回應，且持續到雄蟲發現雌蟲爲止；三、雄蟲的打鼓行爲不受交尾經驗的影響，但雌蟲只有未交尾者才會回應雄蟲的打鼓行爲。

石蠶打鼓發出的音譜、音調依種類而異，而且即使同種，雌、雄的信號也不同，大多數雌蟲回應信號的音譜比雄蟲單調，如此可避免異種間的錯誤尋偶。不但如此，有些石蠶的打鼓行爲並非打擊地板，在野外的石蠶也會打擊樹枝、樹葉，例如黃腳雙爪石蠶（*Gibosia hagiensis*）經過微振腹部的熱身運動後，便以第九腹節的突起物猛擦樹葉，製造出振動的信號。

那麼短尾微石蠶在野外的情形到底如何呢？牠通常棲息於山間小溪流附近，成蟲羽化期大約在三月間，成熟的稚蟲到了羽化期便集中在岸邊，在中午前於小石頭、落葉上集體羽化，因此上午很容易看到多隻剛羽化的成蟲到處徘徊。雄蟲一旦發現雌蟲，不管牠是否還在羽化過程，立刻爬上雌蟲試圖交尾，因此，在羽化最興盛的時期，大約一半的雄蟲不必打鼓就可以與雌蟲交尾。

當成蟲離開羽化場所時，情形就不同了。羽化一天後的成蟲，上午躲在植物根際部、落葉下，隨著氣溫上升，逐漸從休息場所爬出來，雄蟲在草葉或乾燥的落葉上邊打鼓邊徘徊，雖然這時活動的雌蟲比雄蟲少，但在草叢、落葉下仍可看到未交尾的雌蟲，牠們就成爲雄蟲可能的交尾對象。如此看來，雄蟲的打鼓行爲是爲了尋找離開羽化場所的未交尾雌蟲，所採取的第二階段尋偶戰術。

小翅姬露螽（*Tettigoniopsis* spp.）等小型樹棲型的螽蟴，雖然不是以腹端打鼓，但也有和這種行爲有異曲同工之妙的「小動作」。雌雄之間除了以短小的翅膀發出小小的聲音互叫外，雄蟲還會以後腳趾節猛踏（tapping）腳下的樹葉，就像跳踢踏舞蹈般地吸引雌蟲的注意，若雌蟲對牠有意，牠也會以類似的動作回應，然後兩情相悅地進入交尾階段。若把這類姬露螽放進容易傳導振動的塑膠盒，用鉛筆輕敲盒壁，牠也會回應敲擊聲呢。

蘆葦叢中的鋼管秀——葦癭蠅的搖稈尋偶

葦癭蠅（*Lipara* spp.）是雙翅目黃潛蠅科（Chloropidae）中的一群昆蟲，雖然少爲人知，但牠特異的尋偶行爲很值得介紹。葦癭蠅雄蟲尋偶時，會搖動已枯萎的葦草莖稈，以多種特殊的振動音發出信號。振波依種類而異，雌蟲不會對別種雄蟲的振動做反應。

初夏是葦癭蠅的羽化期，從長在河邊葦穗末端的蟲癭羽化的雌蟲，大多靜止在原處不動，看來是在等候雄蟲飛來交尾。葦癭蠅的飛翔能力不像蒼蠅那麼好，雄蟲要在茂盛的草叢裡尋找雌蟲並不容易。仔細觀察即知，當雄蟲飛到葦稈上，以特殊的姿勢搖動一下葦稈，發出尋偶的信號，若葦稈上剛好有隻等待交尾的雌蟲，牠便會立即回應雄蟲，並斷斷續續地發出信號。當雄蟲接近到離雌蟲約五公釐時，牠會送出特長的振波，跳到雌蟲背上交尾。若雄蟲在葦稈上送出信號，得不到雌蟲的回應，牠就放棄這根葦稈，再試另一根。

話雖如此，但並非所有雌蟲都願意接受雄蟲。事實上，羽化的雌蟲要經過二、三天的交尾前期，卵巢才成熟，才肯回應雄蟲的求愛；而已交尾的雌蟲或正在與別隻雄蟲交尾的雌蟲，也不會回應。在這樣的機制下，雄蟲才能夠很有效率地找到交尾的對象；同樣地，雌蟲也拜此機制之賜，在產卵期不致受到雄蟲的干擾。

那麼雌、雌蟲如何送出尋偶的信號？簡單一句話，就是用胸部肌肉搖動葦稈。情形和飛翔時略同，收縮胸部把翅膀往下方搏動的背縱走肌，和把翅膀向上方搏動的背腹肌，同時收縮本來作為飛翔主力的基翅肌和亞翅肌，以抑壓翅膀的搏動，使飛翔所用的力量傳導到中、後腳。

關於中、後腳功能的探討，有以下的實驗：一、將雌蟲前、中、後腳末端的跗節塗上油漆，結果功能維持正常，可以交換回應。二、將雌蟲的整個腹面塗上油漆，結果還是正常。三、從基部切斷前、中或後腳，結果切斷前、後腳者仍能正常反應，但切斷中腳者已無法反應。利用顯微鏡詳細檢查，只在雌、雄蟲中腳基節上發現一支微小的突起，但這個小突起卻有著巧妙的功用。當葦癭蠅靜止在葦稈上時，這個小突起接觸到鄰接基節的轉節的前端背面，稈莖的振動經過中腳基節上的小突起，傳導到蟲體。雌蟲若切除這個小突起，就不再能反應雄蟲的尋偶訊息了。至於黃果蠅、果實蠅等蠅類在尋偶時，並不抑制基翅肌、亞翅肌的運動，而是利用搏翅的動作來尋偶，這是牠們與葦癭蠅在尋偶行為上最大的差異。

但葦稈到底比葦癭蠅長好幾百倍，葦癭蠅怎麼搖得動它呢？葦癭蠅先迅速而輕輕地碰觸葦稈，接著使自己肌肉的律動和葦稈的律動達到一致，以便引起較大振波的共振，這和孩子們玩鞦韆時的原理完全相同。

令人好奇的是，牠們真的只以葦稈上的振波來尋偶嗎？將一對葦癭蠅放在小盒子內，或各別放在兩根隔離的葦稈，讓牠們看不到對方，雌蟲、雄蟲並未有交換信號的舉動。在一根葦稈上放兩隻雄蟲與一隻雌蟲，先發出振波的雄蟲往往將就近的雄蟲當作是雌蟲，而嘗試交尾。在一根葦稈上放置雌蟲和雄蟲，以一張厚紙隔開，牠們仍會交換信號；而且當葦稈末端放置雌蟲、中間部放雄蟲，兩方開始交換信號時，雄蟲不一定直接走近雌蟲，有時會經過一段爬上爬下的徘徊後才接近雌蟲。

綜合以上各種現象可知，葦癭蠅在尋偶的初期階段，似乎不太利用視覺與聽覺，到底聽覺有沒有包括在牠的尋偶行爲裡？事實上，在蚊子、黃果蠅、果實蠅等昆蟲的觸角上已發現有感受空氣振動的聽覺器，但在切除觸角的葦癭蠅身上仍能觀察到葦稈上的信號傳遞。看來，對以叢生的禾本科植物爲棲所的葦癭蠅來說，利用稈莖的振動才是效率最高的尋偶手段。

外來者的擾亂視聽——綠椿象與南方綠椿象的種間交尾

聲音在昆蟲求偶的過程中扮演重要的角色，不過光靠聲音也有風險。從一些試驗證實，尋偶時會發出聲音的綠椿象與南方綠椿象常發生種間交尾，交尾後的卵當然不能孵化，嚴重影響了綠椿象的繁衍。牠們爲什麼會經常弄錯交尾對象呢？不妨先來看看牠們從尋偶到交尾的過程。

這兩種綠椿象的尋偶行爲大致相同。首先雄蟲或雌蟲上下搖擺觸角朝對方接近，接觸到對方時，便以觸角擊打對方。兩蟲接近時，雄蟲開始以觸角擊打雌蟲，並爬到雌蟲後方。之後雄蟲迅速把頭插進雌蟲腹部側面左右猛搖，然後利用前胸背板左右的突起舉起雌蟲身體，此時雌蟲彎曲前腳、伸出後腳並舉起腹部，雄蟲接著一百八十度反轉身體舉起腹部，以腹端對腹端向左右搖擺，進入交尾。

在試驗室中觀察未交尾的這兩種雌蟲、雄蟲，結果發現十分鐘內綠椿象及南方綠椿象的交尾成功率，各爲百分之七十九及百分之五十四。前面所提的「雄蟲以觸角觸摸雄蟲→雄蟲以前胸插入雌蟲腹部，使雌蟲舉起腹部→雄蟲以交尾器刺激雌蟲腹部至交尾」的過程，雖是椿象科昆蟲常有的交尾過程，然而綠椿象與南方綠椿象間最大的差異爲，綠椿象雄蟲在交尾前會將身體左右搖動，這種行爲即使在未能順利和雌蟲交尾的雄蟲身上也觀察到，但南方綠椿象雄蟲不會出現這種行爲。

分析這兩種綠椿象的聲音得知，雌、雄綠椿象各發出三種明顯不同的聲音，且都是30～240Hz的超低音，人類無法聽到；至於南方綠椿象雄蟲與雌蟲，各記錄到四種及兩種不同的聲音，它們的週波數在30～220Hz。雖然兩者週波數幾乎完全重複，但一次發聲時的音波次數及發聲間隔，卻有明顯的差異。簡單地說，這兩種綠椿象從尋偶到交尾，所發出的音譜明顯不同。但牠們爲何在實驗室，甚至在野外常產生錯誤的種間交尾？

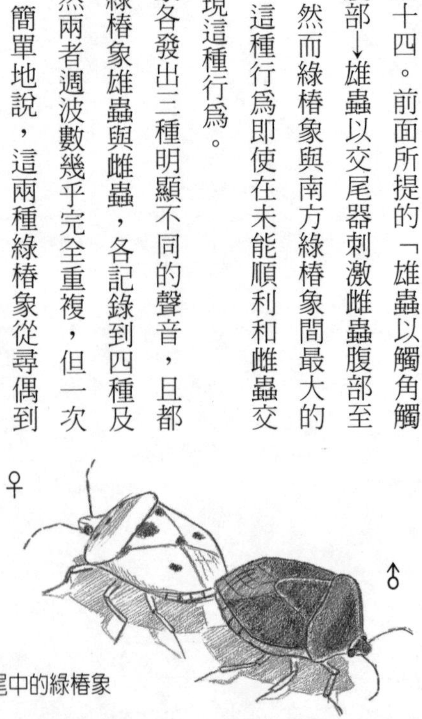

交尾中的綠椿象

若從尋偶、交尾行爲的演化過程來看，這種現象的出現也有合理之處。綠椿象與南方綠椿象原本分布在不同地域，前者分布於溫帶地域，後者分布於熱帶、亞熱帶，本來就不需要嚴格地識別彼此。不過由於牠們食物中，有不少種類是重複的，例如水稻、豆類，甚至一些果樹；自從人類開始農耕生活後，這些植物變成主要的農作物，廣泛栽培於世界各地，致使這兩種綠椿象的分布範圍也跟著擴大且重疊。以水稻爲例，祖先型野生稻本來只自生於雲南高原，經過人爲的育種、傳播，現在水稻廣泛分布於熱帶至亞寒帶的地域，原先以野生稻爲食的兩種綠椿象，遂轉而取食營養價值更佳的水稻，並且隨著水稻栽培地域的拓展，擴大分布範圍，造成在地理分布上的重疊，本來只用於種內通訊的聲音識別能力，也因此無法識別外來昆蟲所發出的類似音譜了。

失聲的歌手——啞巴蟋蟀爲活命而噤聲

談到蟋蟀，讓人想到什麼？想到緊張刺激的鬥蟋蟀？或是夜市裡叫賣的烤蟋蟀、炸蟋蟀？還是草叢中賣力的歌鳴？蟋蟀的確是令人印象深刻的鳴蟲，像閻魔蟋蟀（*Teleogryllus* spp.）、角頭蟋蟀（*Loxoblemmus* spp.）、促織蟋蟀（*Velarifictorus* spp.）等，都是天生的歌手，牠們靠著摩擦一對前翅，發出嘹亮的歌聲。雌、雄蟲都能藉由好歌聲，互相示好、尋偶。當然，以歌聲尋偶的昆蟲不只蟋蟀，多種螽蟴、蟬也因鳴叫尋偶而著稱。《伊索寓言》中，螽蟴在秋天拉著提琴，嘲笑勤勞的螞蟻，這個代表性畫面，與螽蟴秋天求偶、交尾、產卵，讓卵在土中安全越冬的生活習性不謀而合。

雖然多數蟋蟀都是鳴叫的高手，但也有少數失聲的蟋蟀。這些失聲的蟋蟀生下來就是啞吧，不具發音器，所以無法盡情地引吭高歌。牠們爲什麼不具有發音器，或者發音器爲什麼退化？爲何失聲還能求偶？

根據昆蟲化石的研究已知，至少在兩億年前蟋蟀的祖先就已出現在地球上，從化石的翅膀結構可知，當時牠們是有發音器的，但現存的一些蟋蟀竟失去這個尋偶時的重要工具，有些蟋蟀甚至失去了整個翅膀。例如，生活在海邊岩礁的海灘蟋蟀（*Parapteronemobius sazanami*）、在蟻巢中當食客的蟻巢蟋蟀（*Myrmecophila* spp.）及生活在森林中的無翅蟋蟀（*Goniogryllus* spp.）等，牠們不但是啞吧，也沒有翅膀。

翅膀是使昆蟲繁榮的利器之一，但蟋蟀爲何放棄翅膀？理由其實很簡單，生物界有個求存活的經濟原則，即「減少浪費，形成所需」。就蟻巢蟋蟀來說，生活在黑暗、彎曲的蟻巢坑道，根本沒有飛翔的空間，翅膀已無多大用處；而生活在海邊岩礁的蟋蟀，飛翔時極易被強風吹到海面上，加上海邊波浪聲灌耳，如何鳴叫對方也聽不到，所以乾脆放棄鳴叫的本能！至於在森林中的蟋蟀，由於森林提供了富庶而永續的生活環境，不必遷移他處，因此也放棄了無用的翅膀，原本用於長翅膀的能源，改用

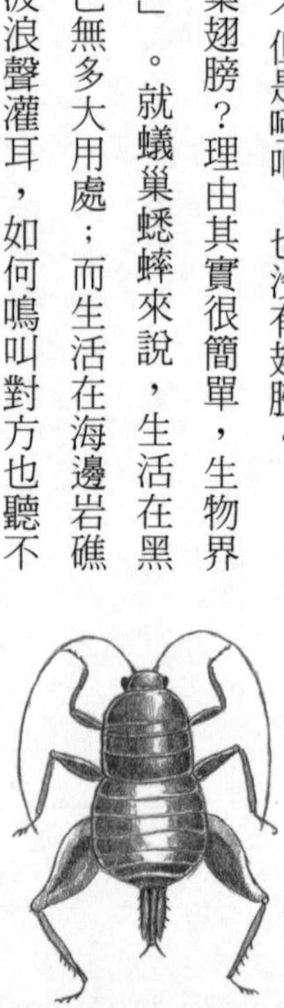
無翅的蟻巢蟋蟀

來增加產卵數或生產大型卵。這種現象非蟋蟀特有，也常見於生活在類似環境的其他昆蟲。

不過，在放棄飛翔能力的蟋蟀中，有些蟋蟀還稱不上啞吧。例如，金鐘兒（*Ornebius* spp.）雄蟲的前翅，雖然已呈小鱗片狀，無法飛翔，但還是能出聲音，不過雌蟲卻完全無翅。又如朽木蟋蟀（*Duolandrevus coulonianus*）的雌蟲、雄蟲，短翅膀不能飛翔，但能發出單調的聲音。這些蟋蟀雖然不必飛翔，但爲了繁衍後代，還是需要利用歌聲尋偶。

另外還有一些有翅但啞吧的蟋蟀，例如，擬黑蟋蟀（*Trigonidium hanni*）、芒蟀（*Eusciatus japonicus*）等，雌蟲和雄蟲都有翅膀，也都是啞吧。這類蟋蟀和飛蝨一樣，生活在草本植物的葉、莖上，藉身體的振動傳遞訊息，但傳遞範圍僅限於同株植物或部分枝葉相疊的其他株間，通訊效率遠遜於鳴叫。

我們不妨來看看啞吧蟋蟀之一萱蟋蟀（*Euscyrtus japonicus*）的求偶過程。萱蟋蟀體長約一公分，呈細長型，具有無法發出聲音的黑色短翅，雄蟲發出求偶信號時，先將頭部連帶前胸部向下彎曲，讓口器接觸草稈，並把下唇向前方直伸，讓它也接觸到草稈，然後舉起腹端上下震動，如此將震波從口器傳到稈莖。由於這種傳遞必須藉由稈莖或葉片接觸才能奏效，但只接觸一個地方即可，因此萱蟋蟀只棲息於稈莖叢生、葉身又長的禾本科植物上。試驗室飼養的萱蟋蟀和其他蟋蟀不同，牠不肯取食胡瓜、蘋果之類，只能以新鮮的禾本科葉片餵食。

這些啞巴蟋蟀爲何放棄鳴叫，且發音器退化？目前推斷，牠們之所以放棄鳴叫，是爲了逃避害敵。就像人類可以依據聲音來源捕捉蟋蟀一樣，有些蟋蟀的寄生性、捕食性天敵，以牠的鳴叫聲作爲尋找線索。例如某些以蟋蟀爲寄主的卵胎生性寄生蠅，專以蟋蟀的叫聲爲線索，飛到蟋蟀身旁，在牠附近撒些早在母蠅體內孵化的幼蟲。這些幼蟲具有黏性，能輕易地黏在蟋蟀的腳上，由此侵入蟋蟀體內，因而如鈴蟀（*Homoeogryllus spp.*）之類，竟演化出叫與不叫兩種不同特性的雄蟲。前者冒著被寄生的危險，以鳴叫引誘雌蟲；後者則躲在鳴叫的雄蟲附近，趁機與被引誘來的雌蟲交尾。當然用這種方法得到的交尾機率比自己鳴叫的雄蟲低，但至少可維持生命安全，還是挺划得來的。

其實蟋蟀對於環境的適應不止於飛與不飛、叫或不叫，在產卵管結構、長度上，還可看出一些更巧妙的適應。

大多數把卵產在植物組織或土壤中的昆蟲，所產的卵大都含水量較少且體型較小，這樣才能在有限的腹部內容納更多的卵，此後卵再從植物或土壤中吸收水分而發育。多數蟋蟀將卵產在土中，土壤太乾燥往往會使卵致命，若含過多的水分，也會阻礙卵的呼吸作用，因此母蟋蟀必須在含水量適中的土壤深處產卵。通常離土表愈近，水分蒸發量愈大，含水量愈低，在保水力較差的砂地，這種趨勢尤其明顯。

換句話說，砂地生活的蟋蟀必須把卵產得夠深，才能得到充足的水分。就斑蟀（*Pteronemobius* spp.）類而言，產卵於沼澤地或稻田的濕地斑蟀（*P. ohmachi*）、寒帶斑蟀（*P. nigrofasciatus*）具有中長度的產卵管，至於以砂地爲棲所的灘斑蟀（*P. csikii*）產卵管最長。此外，生活於澳洲沙漠的一種蟋蟀，雖非斑蟀類，卻有牠體長兩倍、長達五公分的超長產卵管。

致命的吸引力——昆蟲的性費洛蒙

除了利用視覺與聽覺外，仍有不少昆蟲採取其他手段尋偶。未具發音器的蛾類，多以香水引誘異性，這種香味叫做性費洛蒙（sex pheromone）。

雌蛾以性費洛蒙引誘雄蟲的現象，早在法布爾的《昆蟲記》中就有所記載。法布爾觀察到一隻天蠶蛾雌蛾一夜之間引誘了許多雄蛾，之後他利用切斷觸角的雄蛾，測試牠是否仍能感受雌蛾的誘惑，他認爲雌蛾分泌了某種香味引誘雄蛾，雄蛾以觸角感受香味後，就飛向雌蛾。由於十九世紀末尙未發展出化學微量分析的技術，上述的現象只被當做昆蟲界裡諸多奇異現象之一。

直到二十世紀中期，德籍化學學者才從五十萬隻家蠶雌蛾的尾端，分離出使雄蛾引起交尾意願的性費洛蒙。此後，由於化學分析技術及儀器等的突飛猛進，僅從幾十隻雌蟲就可以分離出性費洛蒙的有效成分，至今已知上千種昆蟲的性費洛蒙成分。

性費洛蒙多由雌蟲分泌，隨著空氣的流動飄散四周，向同種雄蟲宣示自己已進入性成熟期。性費洛蒙是一種化學性訊息，成分依昆蟲種類而異，當性費洛蒙由兩種以上成分組成時，各種成分的比例也依昆蟲種類有所不同，因此雄蟲可以依據正確地性費洛蒙飛到雌蟲身旁。例如家蠶雄蛾，觸角上的化學感覺器一接觸到雌蛾分泌的數個分子的性費洛蒙，就會引起尋偶的行爲反應。由於多種昆蟲的雄蟲對雌蟲分泌的性費洛蒙都有如此高的敏感性，目前人類已開發出一些利用性費洛蒙防治害蟲的方法，關於這些將另闢章節介紹。

其實不只雌蟲會分泌性費洛蒙，有些雄蟲也會藉此化學物質互相交換訊息，達成尋偶目的。例如在〈夠「色」才有機會〉（見60頁）介紹過的青斑蝶，雄蟲腹端內藏了一對叢毛，牠一發現雌蝶，就飛到雌蝶前面，展開這對叢毛充當觸角，磨擦雌蝶的頭部；不久雌蝶即停止飛翔，停在附近的樹枝、草葉上，雄蝶則仍在雌蝶周圍飛翔，不斷以叢毛磨擦雌蝶的觸角，直到雌蝶閉著翅膀靜止爲止，此後雄蝶便停在雌蝶旁進行交尾。原來雄蝶腹端的叢毛會分泌一種化學物質，能讓雌蝶安定下來和牠交尾。經由後來在網室內的試驗證實，在十六天的試驗期間，正常雄蟲和雌蟲的交尾率可達約百分之五十；而腹端叢毛被剪掉的雄蝶，雖然用人工方法與雌蝶腹端接觸時仍能交尾，但在網室中卻無法馴撫雌蝶而交尾。

昆蟲分泌的費洛蒙不只利用於尋偶交尾，像蟋蟀、椿象之所以成群生活，也是受到各自分泌的群聚費洛蒙的召喚，又如在室內大量飼養瓜實蠅成蟲時，到了傍晚，整個飼養室像罩了一層霧似的，並可聞到糖漿般的氣味，那就是雄蠅爲了引誘雌蟲交尾所散發的性費洛蒙。

在野外，瓜實蠅雄蟲到了傍晚，會群聚在可供雌蟲產卵的植物附近，每隻雄蟲佔有一枚葉片作爲領域，在此散發性費洛蒙引誘雌蟲，若是別隻雄蟲飛來，便立刻驅趕牠，飛來的若是雌蟲，就搏翅吹散性費洛蒙，等雌蟲距離兩、三公分時，才猛然跳到雌蟲背上交尾。

瓜實蠅雄蟲的性費洛蒙是由腹端分泌的，牠用一對後腳把性費洛蒙由腹端擦抹到翅膀上。用顯微鏡觀察即知，雌蟲翅膀上只有均勻分布的細毛，但雄蟲翅膀上則密生各種形狀、長短不一的毛。雄蟲先將性費洛蒙塗在這些毛上，然後搏動翅膀向雌蟲吹散性費洛蒙。過去一般認爲，不少蠅類以搏翅發出的聲音及搏動的頻率來引誘雌蟲，或互相交換尋偶訊息，但從瓜實蠅的研究已證明，性費洛蒙在雄蟲的尋偶行爲上扮演著重要的角色。

異性相吸相呼應——葡萄虎斑天牛的尋偶行爲

分布於台灣的四百多種天牛，可依觸角的長度分成兩大類，一是觸角長的，一是觸角較短的。翻開天牛圖鑑即知，粗天牛亞科（Lamiinae）的天牛多半具有較長的觸角，有些種類竟達體長的兩、三倍，類似現象也屢見於其他亞科的天牛，如雙紋長鬚天牛（*Xenohamus bimaculata*）雌蟲觸角約爲體長的三倍，但雄蟲竟超過四倍。在這些長觸角型天牛尋偶時，性費洛蒙扮演重要的角色，那觸角較短的天牛呢？

葡萄虎斑天牛（*Xylotrechus pyrrhoderus*）是使蔓條枯死的著名葡萄害蟲，觸角較短，母蟲把卵產在葡萄蔓條上，孵化的幼蟲在蔓條內蛀食，過著半年至一年的幼蟲期，然後在蔓條內化蛹，羽化後的成蟲仍留在蔓條內大約兩個星期，其間若是雌蟲，牠的卵巢開始發育，當牠離開蔓條出現於外界時，已完成交尾、產卵的準備。所以當雌、雄蟲相遇時，雄蟲立即爬到雌蟲背上交尾；若是兩雄相遇或雌蟲遇到雌蟲時，通常不會搞錯而交尾，這也是天牛共同的現象。

那麼雄蟲到底如何辨認雌蟲呢？若以丙酮等溶媒，洗出雌蟲身體氣味的成分，塗到雄蟲身上，其他雄蟲便會對染上雌蟲氣味的雄蟲引起尋偶、交尾時的反應，但雄蟲對被洗掉氣味的雌蟲不會產生任何反應。由此可知，雌蟲體表的氣味——性費洛蒙，才是引起雄蟲反應的關鍵。

交尾中的葡萄虎斑天牛

詳細觀察雄蟲的行爲可以發現，雄蟲從近距離接近雌蟲，爬上雌蟲背上，並向內彎曲腹部末端，把生殖器插入雌蟲腹端。將玻璃棒塗上雌蟲體表抽出物，並靠近雄蟲觸角，雄蟲會有明顯的反應，玻璃棒移動時，雄蟲也會跟著移動。將一根放有黑色紙片的玻璃管，塗上雌蟲體表氣味，雄蟲竟會彎曲腹端，想和玻璃管交尾，顯然雄蟲因爲氣味的緣故，把玻璃管誤認爲雌蟲。以上是室內觀察雌、雄蟲近距離接觸的情形。

在野外的情形又如何呢？先談談葡萄虎斑天牛的生長情形。成蟲的羽化期通常在夏天。在晴天的炎熱下午，雌蟲活潑地飛翔，雄蟲則靜止於葡萄葉片或蔓條上。當雌蟲飛到雄蟲約兩公尺處時，忽然改變方向，並降低飛翔速度，以搖搖欲墜的姿勢接近雄蟲，然後在十多公分遠的地方降落，改以爬行的方式接近，雄蟲發現後，便向雌蟲爬行。整體而言，葡萄虎斑天牛的尋偶行爲，是由雌、雄蟲各自分泌的性費洛蒙所發動；但在此之前，葡萄樹，尤其葡萄樹葉片所發出的氣味，也有相當的作用，它能使雄蟲靜止在葉片上，並以此氣味爲路標，決定飛翔的大致方向。

雖然葡萄虎斑天牛的雌蟲，靠著雄蟲分泌的性費洛蒙接近雄蟲，但當雄蟲向牠接近時，雌蟲又會忽然停下來。若雄蟲沒有接近，雌蟲便爬行到雄蟲原來分泌性費洛蒙的地方。當另一隻雌蟲已搶先一步與雄蟲交尾，後到的雌蟲不願放棄，想硬爬到雄蟲背上時，雄蟲只好略爲移動身體，把這個「第三者」滑下去。雌蟲被滑下後仍不死心，會留在原地等待，等已成對的雌、雄蟲交尾完畢，再和雄蟲交尾。

一般來說，同性戀不是常態現象，但當一個狹小的容器內收容多隻雌蟲時，雌蟲間就可能發生同性戀。雌蟲會爬到另一隻雌蟲背上，彎曲腹端，伸出產卵管，就像與雄蟲交尾時一樣，甚至異性交尾時雄蟲舔拭雌蟲背板的行爲，也會在同性間出現。爲何會出現這種舔食行爲，原因至今未詳，但可以確定的是，在雄蟲以性費洛蒙誘引雌蟲的昆蟲中，這是常見的現象。

另一種虎斑天牛——桑樹虎斑天牛（*Xylotrechus chinensis*）也有雄蟲引誘雌蟲的行爲。不僅如此，雄蟲分泌的性費洛蒙成分與葡萄虎斑天牛的完全相同。雖然有關虎斑天牛尋偶行爲的研究至今仍不多，其間的奧秘尚未揭開，但已可推知「雄蟲引誘雌蟲，然後雌蟲刺激雄蟲」是虎斑天牛共同的習性。

黑帶絨毛天牛（*Acalolepta luxuriosa*）則是典型的長觸角型天牛，但雌、雄蟲的觸角長度有明顯差異，雌蟲的觸角約爲體長的一．五倍，雄蟲的觸角則約長達三倍。黑帶絨毛天牛的尋偶行爲，與葡萄虎斑天牛完全不同，牠們白天多在沒有日曬的葉片、枝條上休息，晚上才出來活動。夜間，雌蟲大都在取食樹葉，補充營養，促進卵的發育；雄蟲則活潑飛翔，在葉片、枝條上搖擺長長的觸角，尋找正在分泌性費洛蒙的雌蟲，當牠的觸角摸到雌蟲後，就進入交尾的階段。

由此可知，雖然同屬於天牛科，觸角的形狀不同，尋偶的方式就不一樣；或許是因爲尋偶行爲，才發展出如此不同形狀的觸角！

群聚生活的重要性——以群壯膽的蟑螂

蟑螂是我們最熟悉又討厭的昆蟲之一，其實在約三千五百種的已知蟑螂中，進入居家騷擾我們的，不過只是其中的十餘種。由於蟑螂容易飼養、繁殖力也強，不少昆蟲研究室飼養牠們當作試驗材料，牠們的尋偶行爲就在這樣的背景下被觀察到。

一九五二年，一位美國的昆蟲專家將美國蜚蠊（*Periplaneta americana*）雌、雄成蟲分開飼養。他發現，當雄蟲的容器放在雌蟲的容器附近時，容器裡面的雄蟲忽然開始疾跑，並如蜻蜓般舉起翅膀，伸出腹端。他認爲這是雄蟲受到雌蟲氣味刺激而引起的性興奮行爲，於是將數枚濾紙放在雌蟲容器中，幾天後拿出那些濾紙，分離出使雄蟲興奮的氣味成分。在後來的研究中更發現，這種氣味是一種由氫和碳組成的烴化物，只要0.000,000,000,000,001公克，就足以讓雄蟲興奮。

經過更進一步的試驗得知，美國蜚蠊的雌蟲經過最後一次蛻皮變爲成蟲，約十天後，才具有使雄蟲興奮的能力，此時將未交尾雌蟲放在暗處，雌蟲會略爲舉起翅膀，開著腹端的生殖口，擺出一副誘惑雄蟲的姿勢，並散發性費洛蒙，雄蟲以觸角感受到氣味後，也舉起翅膀，爬向雌蟲交尾。至於其他蜚蠊，例如另一種屋內常見的德國蜚蠊（*Blatella germanica*），或多生活在野外的灰色蜚蠊（*Nauphoeta cinerea*），牠們使異性興奮的化學物質儲存在體表的蠟層中，由於這種化學物質不具揮發性，必須以觸角觸摸後才能認知對方。

與德國蜚蠊比較，灰色蜚蠊的舉翅行爲顯得更多姿多樣。完全成熟的雄蟲，以觸角觸摸各日齡的雌蟲成蟲時，若所遇到的是不到十天的未成熟雌蟲或若蟲，也會舉起翅膀；但若遇到另一隻成熟雄蟲，便會開始打鬥。簡單地說，灰色蜚蠊雄蟲遇到同性即爭，遇到雌蟲或各齡期若蟲則舉起翅膀。這種行爲完全受制於體表蠟質成分的變化，由於該成分有抑制雄蟲舉翅的作用。雖然牠所散發的氣味與美國蜚蠊一樣，都以相同的一種烴化合物爲主要成分，但隨著各齡期雄性若蟲的發育，此成分在蠟質中的含量逐漸增加，外骨骼變硬，遇到雄蟲時不舉翅的行爲，就更加明顯。

灰色蜚蠊尋偶行爲的另一個特徵是發出聲音，且雄蟲被捉住時也會發出聲音。當雄蟲舉起翅膀想爬到雌蟲背上，但雌蟲卻不回應時，雄蟲會發出帶有求偶信號的聲音，來激發雌蟲的交尾意願。

另一種以發出聲音而聞名的是馬加西大蜚蠊（*Gromphadorhina portentosa*），分布於馬達加斯加、體長四~五公分、大型但缺翅。交尾前，雄蟲徘徊在雌蟲身邊，從腹部第二節的氣門發出「咻、咻」的聲音，以吸引雌蟲。

蟑螂是群聚性相當強的昆蟲，我們在野外採集昆蟲，翻開朽木、石頭時，通常會發現好幾隻蟑螂藏在下面，清理房屋時，也常在抽屜、櫥櫃角落發現一些蟑螂。在實驗室裡將一隻蟑螂隔離飼養，或兩隻以上蟑螂集體飼養，可知有伴的蟑螂發育較快，

灰色蜚蠊雌蟲正舔觸雄蟲的尾端

也就是說，蟑螂是一種不堪寂寞的昆蟲，牠們以身體互相接觸，至少用觸角碰觸對方，才有安全感。

德國蜚蠊群聚在一起且促進發育的化學物質——群聚費洛蒙，是從直腸腺分泌的，再和糞便一起排泄到體外。將濾紙放在德國蜚蠊的養蟲箱中，讓它被排泄物污染，然後放在另一個有多隻德國蜚蠊的養蟲箱時，牠們會群聚在這張濾紙上。雖然其他蟑螂也會分泌群聚費洛蒙，但分泌部位依蟑螂種類而異，例如大蜚蠊（*Blaberus* spp., *Euproberus* spp.）等從位在口器的大顎腺分泌群聚費洛蒙。這種費洛蒙往往也能引誘他種蜚蠊群聚，像美國蜚蠊、黑蜚蠊（*Periplaneta fuliginosa*）、日本蜚蠊（*P. japonica*）的群聚費洛蒙也可以引誘德國蜚蠊。無論如何，群聚費洛蒙促使雄蟲群居在雌蟲附近，到了尋偶、繁殖期，雌蟲不必跑得老遠去引誘雄蟲，只要誘惑身旁的雄蟲，提高牠的交尾意願即可。

雌、雄蟲交尾時，雄蟲除了把自己的精子交給雌蟲外，也給了別的東西。例如分布於熱帶美洲的鉤胸蜚蠊（*Xestoblatta hamata*），雄蟲交尾完會收縮腹部，從腹部末端的尿酸腺分泌泥狀、含有尿酸鹽的物質，並朝著雌蟲，供其取食。有意思的是，雄蟲自己不會取食，因爲這種尿酸鹽對雄蟲有害，體內蓄積尿酸鹽將導致中毒死亡；但對雌蟲而言，它卻很有用，是卵中胚胎發育時所需要的氮化合物。自然界就是這樣，充滿許多不可思議的現象。

昆蟲的聘金——舞蠅與擬大蚊的贈禮求偶

人類社會中，結婚時有送聘禮的習俗，這種儀式在過去的風俗中佔了很重要的地位，因為聘金的多寡，往往決定該婚姻能否成立。現今有些民族仍然重視聘金，家庭背景較差的男人，由於籌不到聘金，終身娶不到老婆。這種以聘金求偶的現象，也見於一些昆蟲。

舞蠅（Empididae）廣泛生活在海邊沙灘、草原、森林、溪谷等環境，體長約五～六公釐，是捕食性蠅類之一，由於有些種類的舞蠅常成群聚集飛舞而得名。舞蠅的另一個特徵是，雄蟲在胸部腹面抱著食物飛翔。由於雄蟲抱的食物是交尾前送給雌蟲的禮物，故有「求偶餌」（neptual gift）之名。而這種特殊的交尾行為稱為「求偶贈餌」，在昆蟲界中只有舞蠅、舉尾蟲（Panorpidae）、擬大蚊（Bittacidae）等少數昆蟲才有。

由於台灣沒有這方面的觀察記錄，在此以日本的一種溪流舞蠅（*Hilara neglecta*）為例，介紹舞蠅的「求偶贈餌」行為。溪流舞蠅體呈黑色，體長約七～八公釐，在舞蠅中算是大型種類，雄蟲如名所示，多在溪流上成群飛舞。有些雄蟲偶爾降到水面慢速滑翔，捕捉水面上剛羽化的小型水生昆蟲成蟲、或掉落水面的小蟲。捉到適當的昆蟲後，雄蟲邊飛邊以前腳跗節分泌的纖維綑綁獵物，做成求偶餌，然後返回群飛集團，途中若發現合意的雌蟲便展開追求。雄蟲趕上雌蟲後，雌雄便纏繞在一起，雄蟲趁機獻上求偶餌，並邊飛邊交尾。雌蟲吃完求偶餌時也剛好完事，雌雄即各自飛離。

以上只是溪流舞蠅中的一例。舞蠅科的昆蟲超過三千種，牠們的生活多姿多樣。形成群飛群聚的場所不限於溪流，也包括樹梢、空地、草原、路旁等。求偶餌的內容也依舞蠅種類而異且種類繁多。一種細舞蠅（*Rhamphomyia latistriata*）專門捕獵蜘蛛當禮物，另外有些生活在溪流的舞蠅，捕捉別種舞蠅雄蟲當禮物，甚至利用植物的種子、碎片爲禮物。而包裝方法也有精美、粗糙之分，甚至根本不包裝的。最令人絕倒的是，還有用自己的絲包裹著沒有內容物的空包禮物呢！爲何會有如此的差異？爲什麼會有這種求偶贈餌的行爲？箇中的奧秘，令人嘖嘖稱奇。

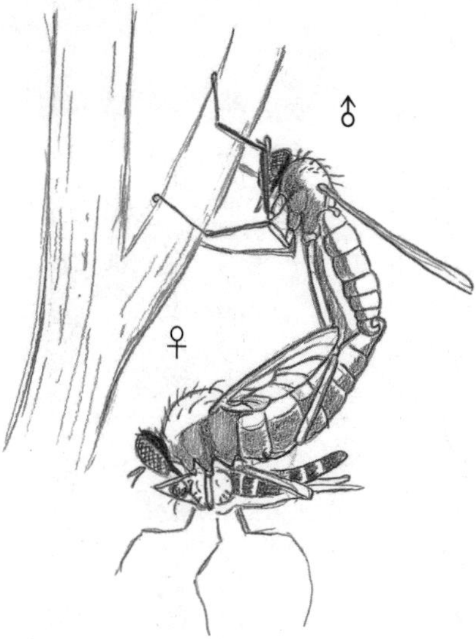

交尾中的舞蠅，雄蠅在上，雌蠅在下。

由於舞蠅是捕食性昆蟲，一般認爲雄蟲之所以準備求偶餌，是爲了交尾時避免被雌蟲捕食。像溪流舞蠅這種完整型的贈與求偶行爲，目前被認爲是經過以下八個階段進化而來的：

第一階段：沒有求偶餌，雌雄各自捕食獵物。雄蟲偶然遇到、或在群飛途中遇到雌蟲而交尾。雌蟲有時會捕食接近牠的雄蟲，大多數的舞蠅的交尾過程都屬於此類。

第二階段：雄蟲開始使用求偶餌。雄蟲遇到雌蟲時，先送上準備好的求偶餌，趁雌蟲取食求偶餌時完成交尾。這個階段的雄蟲，尚未加入群飛集團，只跟偶爾遇到的雌蟲交尾。

第三階段：雄蟲不再積極尋找雌蟲，而是與備妥求偶餌的多隻雄蟲形成群飛集團，等待雌蟲自己飛來。

第四階段：雄蟲在獵物上分泌帶有黏性的物質，或綁上纖維物質，控制獵物的行動，以便飛翔。

第五階段：在求偶餌的包裝下些工夫，即在綁住獵物的絲上附著泡狀物質。這種泡狀物質的功能，尚未有定論，但可以確定的是，能拖延雌蟲取食的時間，也就是延長交尾時間。

第六階段：求偶餌的體積變小，但交尾時雌蟲仍然肯取食求偶餌。

第七階段：求偶餌的內容更為小型且簡化，甚至以植物碎片等取代，求偶餌已失去食物的功能，交尾時，雌蟲只是玩弄求偶餌，不再取食。

第八階段：形成完全沒有內容的中空求偶餌，即以雄蟲分泌物和絲做成氣球。「求偶贈餌」的行為至此完全型式化。

上述八個階段仍屬推論，目前針對舞蠅求偶贈餌行爲的研究，尚未觀察到雌蟲自己的獵捕行爲，及尋偶時對雄蟲的攻擊行爲，雄蟲之間甚至也很少看到互相殘殺的行爲。也有專家認爲，由於獵捕時自己容易受到天敵的攻擊，雄蟲以承擔雌蟲獵捕的風險作爲代價，進而產生了求偶贈餌的行爲。

屬於長翅目的擬大蚊也是捕食性的昆蟲，雖然雌、雄蟲都有捕食能力，但雌蟲通常自己不捕獵，只等待雄蟲獻上求偶餌。當雄蟲捉到求偶用的食物時，先以前腳捆好，將自己與求偶餌一起吊在樹枝下，並分泌性費洛蒙，趁雌蟲取食求偶餌時交尾，在平均廿三分鐘的交尾後，雄蟲將一種分泌物注入雌蟲生殖口，以阻止雌蟲另結新歡。交尾後的雌蟲，經過四、五個小時開始產卵，產完卵後，才又開始接受別隻雄蟲的求偶餌。

雖然雌蟲主要是依賴雄蟲提供的求偶餌維生，但對求偶餌卻也相當挑剔。牠會先用前腳仔細檢查求偶餌，拒收如瓢蟲等劣味的食餌，或不到一．六立方公釐的小型禮物，並拒絕交尾，或頂多咬一口便離去。雌蟲會耐心物色，一直等到滿意的求偶餌出現，才完成交尾。

雌蟲對求偶餌爲什麼這麼挑剔？雖然取食求偶餌較多，產卵量也會增加，然而少量而多餐相當浪費時間。莫忘了雌蟲取食的時間也就是雄蟲的交尾時間，交尾時間愈長，雌蟲得到的精子也愈多，平均約廿三分鐘才能得到充分的精子；若是求偶餌太小，一下就完成交尾，得到的精子當然相當有限。而以超過一．六立方公釐的求偶餌所完成的交尾，可得到數量充足的精子，能提高雌蟲的繁殖效率。尤其當雄蟲棲息密度較高時，選擇性也高，雌蟲不必為了不能完成的交尾而浪費時間。

因應雌蟲的交尾策略，雄蟲為了捕獲大型求偶餌及自己的食物，不得不費盡工夫。雄蟲一天的飛翔距離常是雌蟲的兩倍以上，被黏到蛛網而死的擬大蚊，四分之三都是雄蟲，因此竟出現強奪別隻雄蟲求偶餌的雄蟲，甚至偽裝雌蟲騙走求偶餌的騙徒，這些都是聘禮惹的禍。

贈禮行為不是舞蠅和一些長翅目昆蟲所獨有，在蜘蛛中的一種跑蛛（*Pisaura mirabilis*）也可看到。雄蛛尋偶前會先捕捉蒼蠅、螳螂若蟲或蛾的成蟲、幼蟲，用絲緊緊包好，到了雌蛛巢網時，先以第一腳舉出禮物，再慢慢靠近雌蛛，雌蛛收下禮物取食時，雄蛛便開始和牠交尾。褐背跑蛛（*P. lama*）也有類似的行為，雄蛛也用絲緊包贈禮用的蒼蠅，慢慢接近雌蛛，若牠知道雌蛛就在附近，包裝的動作還會特別迅速。由於禮物愈大，取食的時間愈長，交尾的時間愈加充裕，因此雄蛛自己食用較小的獵物，而把大型獵物用作為禮物，如此的委曲求全，當然也是為自己著想。如此看來，舞蠅、擬大蚊及跑蛛等的贈禮行為，與人類的下聘習俗確有異曲同工之妙。

舉尾不乞憐——談舉尾蟲的尋偶行爲

談到舉尾蟲的尋偶，最爲人津津樂道的就是牠們的贈禮行爲，然而，備好贈禮的雄蟲如何尋找雌蟲，也是值得探討的話題。

舉尾蟲幼蟲爲蛆蟲型，在土中生活，專門取食落果、昆蟲遺骸、鳥糞、腐植土，晚春化蛹，經過一、兩週的蛹期羽化爲成蟲。成蟲爬上附近的草莖略爲休息，身體也逐漸變硬又帶黑色，例如日本舉尾蟲（*Panorpa japonica*）翅膀上有兩條黑色條紋。成蟲會飛，但飛翔能力不強，頂多滑翔似地移動一、兩公尺，活動於陽光不直曬的森林、草叢，牠的步行能力反而比較好。成蟲食欲還很旺盛，仍繼續取食與幼蟲期類似的食物，因爲牠們的生殖器在成蟲期才開始發育。

舉尾蟲生活在莖葉茂密又陰暗的地方，在這裡視覺不太管用，加上牠們移動能力不佳，目前也沒有證據顯示牠們會分泌性費洛蒙，可以想見地，在這樣的情況下，爲了找到同種異性，勢必得費上一番功夫。例如日本舉尾蟲以顫動腹部、發出聲音的動作，吸引雌蟲注意；然而在養蟲箱等密閉空間中，雌、雄蟲靠得很近，自然就能利用視覺來尋偶。

當雌、雄蟲接近到可以看到對方時，會緩慢地迴轉翅膀吸引對方，然後互相跳躍靠近，同時搏翅回應對方的動作。對方若同是雄蟲，牠便以展翅、伸腳，舉起腹端的

日本舉尾蟲的尋偶行為

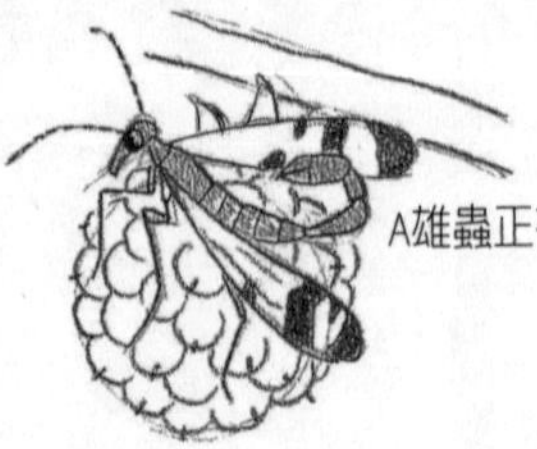

A雄蟲正在吸食樹莓的汁液。

B當另一隻雄蟲靠近時，擺出威嚇姿勢趕走對方。

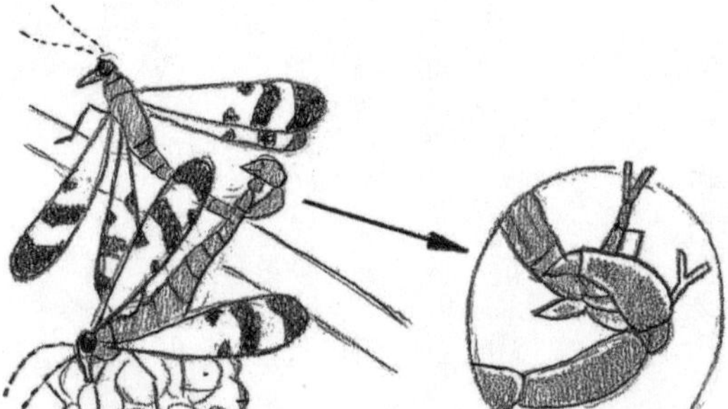

C當雌蟲接近時，雄蟲讓位給雌蟲吸汁，並開始與牠交尾。

把握器，採取威嚇姿勢等方法，與對方展開打鬥，結果通常是先來者佔優勢，趕走接近者。接近者若是雌蟲，雄蟲就接納牠，被接納的雌蟲立刻以口器、觸角觸摸雄蟲身體，取食雄蟲所提供的食物，並進入交尾。交尾時間有時長達兩個小時。當雌蟲取食完畢，交尾也就結束了。因此，食物的份量，可說是完成交尾的關鍵。沒有食物時，雌、雄蟲雖然互相接近，但不會進行到互相觸摸及交尾的階段。看來在舉尾蟲的尋偶行爲中，視覺似乎才是最有用的。

了解舉尾蟲活動的環境，會發現牠們的生活習性對尋偶也有極大的幫助。缺乏尋偶利器的舉尾蟲，必須群聚在一起，才有雌雄相遇的機會。由於舉尾蟲的幼蟲在地表或土中生活，因此活動範圍侷限，成蟲的飛翔能力也差。解剖舉尾蟲的中胸部即知，牠們胸部的肌肉纖細，肌肉附著點分散於外骨骼內側，因此不適合長距離的飛翔。由於舉尾蟲幼蟲單靠腐葉土也能生長，凡是植物密茂的地方，就有豐富的落葉，母蟲不必爲了產卵而遠離，就近即可找到適合產卵及幼蟲發育的場所，成蟲利用翅膀的機會自然少；加上牠從約兩億年前出現於地球後，就逐漸建立起叢林生活，忌避陽光直曬，活動時段僅限於陽光較弱、接近傍晚或陰天的上午，也讓尋偶變得容易一些。

除了特定而集中的出現地點及時刻，食物也是關鍵因子。如上述，幼蟲以腐植土爲主食，偶爾取食小動物的遺骸、落果等，只靠這些食物，兩、三個月的幼蟲期，無法蓄積成蟲期所需的足夠營養，因此成蟲爲了讓卵成熟，必須繼續取食，補充營養。這也是爲什麼雌蟲很在意雄蟲禮物大小的原因。另一方面，剛羽化的雌蟲，卵巢還未發育，要經過約一個星期的取食，卵巢才發育到能夠接受雄蟲交尾的程度，雌蟲也才肯和雄蟲交尾。這樣的營養條件，促使成蟲壽命大致超過一個月，比蝶、蛾類長壽。至於雄蟲如何辨別未成熟或已成熟的雌蟲，至今似乎還沒有人從事相關的研究。無論如何，就舉尾蟲成蟲而言，取食很重要，而成蟲的主要食物爲過熟的果實、小動物的屍體、鳥糞等，常見於叢林中，而且都散發著一股特殊的氣味，當舉尾蟲被食物氣味引誘而來後，非常可能遇上交尾對象。

總之，在狹小的活動範圍、一定的活動時段，對共通食物的需要性這三種因子的配合下，儘管在視線不良的叢林裡，舉尾蟲依然能夠找到交尾對象，並以拍翅觸摸來確認對象。

爲了示威不惜賭命——東方果實蠅與甲基丁香油的關係

東方果實蠅（*Bactrocera dorsalis*）是目前很熱門的園藝害蟲，有關牠的生活習性、防治方法等，在農業害蟲的相關書籍中不難找到，在此就不贅述。要談的是東方果實蠅雄蟲對甲基丁香油（methyl eugenol= ME）的反應。

由於ME對東方果實蠅雄蟲有極大的吸引力，農民常利用沾有殺蟲劑的ME來誘殺雄蟲，使雌蟲找不到雄蟲交尾，也就是所謂的「滅雄法」。爲什麼ME對東方果實蠅雄蟲有那麼大的吸引力？在切入正題之前，先從ME與植物的關係談起。

目前已知含有ME的植物至少有二百多種，有些蘭花還利用ME來引誘媒介花粉的昆蟲，例如果實蠅蘭（fruit fly orchid）開花時，花朵分泌大量的ME，引誘果實蠅前來授粉。但ME對一些昆蟲有忌避作用，因此也被認爲是植物用來防蟲、自衛的化學物質之一。尤其九層塔（*Ocimus basilicum*）之類的植物，受到昆蟲爲害後，會合成並分泌多量的ME，以阻止蟲害擴大。一些研究結果顯示，ME對某些螞蟻、蚊蟲具有忌避性，甚至守宮類也不願捕食沾有ME味道的果實蠅。因此，一般認爲ME是對多種捕食者都具有忌避作用的化學物質，果實蠅成蟲更是爲了提高自衛能力，積極從植物體取得ME。

果實蠅是廣食性的昆蟲，成蟲取食多種果實的汁液或介殼蟲等所分泌的蜜露，因此有相當多的機會取得ME。這種具有拒敵效果的物質，對雌、雄成蟲而言，都是很重要的資源，但雌蟲對ME的需要比雄蟲更迫切。因爲果實蠅成蟲最容易受到守宮、蜘蛛等害敵攻擊的時期是行動不靈活的交尾期，及把產卵管插在果實中的產卵期。換句話說，雌蟲受到害敵攻擊的機會遠比雄蟲多。另一方面，爲了促進卵巢的發育或增加產卵數，雌蟲必須取得更多的營養，但單靠自己從植物吸得ME無法充分發揮忌避效果。由於雄蟲在成蟲期不再需要那麼多營養，從一些植物取得ME的機會也比雌蟲多，雌蟲便打起如意算盤：交尾時由雄蟲負責拒敵，自己只管從雄蟲得到ME，以提高自己的防禦能力。

其實觀察牠們白天的活動情形即知，雌蟲大多出現在花蜜、蜜露等食物附近，並將大部分的時間用於取食。而這也是利用食物誘殺器誘殺東方果實蠅時，雌蟲的誘殺數多於雄蟲的原因。雄蟲除了吸水外，通常都在含有ME的植物上活動，並把取得的

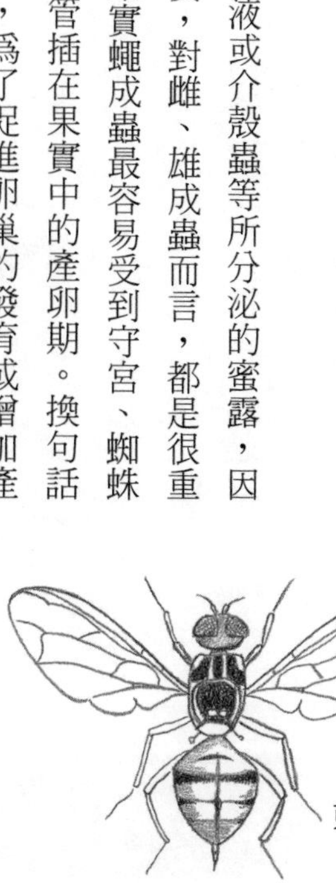

東方果實蠅雌蟲

ME暫時貯藏在直腸腺中，到了傍晚交尾時刻，才與引誘雌蟲用的性費洛蒙一併分泌。ME既然對某些動物具有忌避作用，不免含有一些毒性。因此對雄蟲而言，吸取ME何嘗不是一種冒著生命危險的行爲，幸好牠從植物體能夠獲得ME的量，不致影響到牠正常的活動。然而在試驗室以化學合成的ME進行雄蟲攝食試驗時，雄蟲往往因爲吸食過量而脹死。無論如何，在野外，能夠分泌愈多ME的雄蟲，也可說是吸食愈多ME者，在尋偶時愈能得到優勢地位。

ME對雄蟲的另一個作用，或許是向雌性展示自己體能的優異，正如雄孔雀的長尾羽或公雞深紅色的大型雞冠！其實孔雀的長尾羽或公雞的大雞冠，對牠們的生活並沒有正面的效果，不但造成行動上的不便，也引人注目，容易變成捕食者的捕食對象；但從另一個角度來看，冒著如此生命危險，牠們還能存活至今，更突顯出牠們強烈的生活能力。因此，爲了獲得生活能力較強的遺傳基因，雌鳥交尾時，自然會選擇尾羽特長或雞冠最紅的雄性。同樣地，東方果實蠅雄蟲也以體內大量的有毒物質，向雌蟲誇示自己突出的抗毒能力。

由於ME對雌蟲而言是重要的保命物質，當雌蟲無法從雄蟲身上獲得ME時，雌蟲只好自己去吸食ME。所以，當用滅雄法誘殺東方果實蠅雄蟲，導致雄蟲幾乎絕跡時，在ME誘殺器中竟然也出現平常無法誘殺的雌蟲，這就表示滅雄法收到效果了。不過，目前有關植物、ME、東方果實蠅雄蟲及雌蟲間的四角關係所知仍然有限。例如，木瓜是含有ME的代表性植物之一，也是常見的栽培果樹，但在木瓜的花上很少見到東方果實蠅造訪或取食ME，是不是木瓜的花另含有對東方果實蠅忌避效果的物質，使得牠不想靠近？或者木瓜的樹型不適於東方果實蠅的訪花行爲？對這類現象的探討，或許將有助於釐清上述的四角關係。

【第四篇】

五花八門的交尾

雖然交尾只是找到對象，然後雄蟲把精子送進雌體，雌體接收精子的行為而已。但雄蟲為了留下更優秀、更多的後代，想盡辦法和多隻體質優良的雌蟲交尾；雌蟲也是一樣，挑選較健壯的雄蟲作為交尾的對象。雌雄各自祭出法寶，爭取最佳配偶，讓交尾成為繁殖過程中最有看頭的部分。

利用光線完成交尾的柑桔鳳蝶

螢火蟲利用發光尋偶，是大家所熟知的，其實具有發光功能的不止於螢火蟲，另有叩頭蟲、菇蠅，甚至馬陸、蜈蚣之類；反而是在交尾階段還利用發光器的昆蟲，才是少見，其中之一就是常見的柑桔鳳蝶。柑桔鳳蝶在腹部末端的交尾器具有發光器，及感受光線的眼睛。

昆蟲頭部都有一對明顯的複眼，蝴蝶的複眼約由一萬二千個小眼聚集而成，這就是蝴蝶的視覺器官。一個小眼有九個感光細胞，因此一個複眼擁有約十萬個感光細胞，一對複眼共約有二十萬個感光細胞，蝴蝶藉由它們尋找食物、交尾對象，及發現害敵。雖然雌、雄鳳蝶腹端都有眼睛——感光器，但構造不像複眼中的小眼那麼複雜；腹端感光器的每個小眼僅由四個直徑約3μ的感光細胞所組成，感光細胞以神經牽連到中樞神經系統。

在介紹腹端感光器的功能以前，不妨先看看柑桔鳳蝶的交尾過程。

雄蝶發現雌蝶後，接近雌蝶，並繞到雌蝶下面（腹部），大開腹端的捉握器，露出交尾器，以交尾器觸摸雌蝶腹部各部位，似乎在尋找雌蝶的生殖口。找到生殖口後，把交尾器插入，然後以吊下雌蝶身體的姿勢維持交尾。雄蝶從發現雌蝶，到插入雌蝶的生殖口，平均約需二十秒，此後維持一個小時的交尾姿勢。

柑桔鳳蝶感光器的位置和特徵

（P1、P2各指感光器主體）

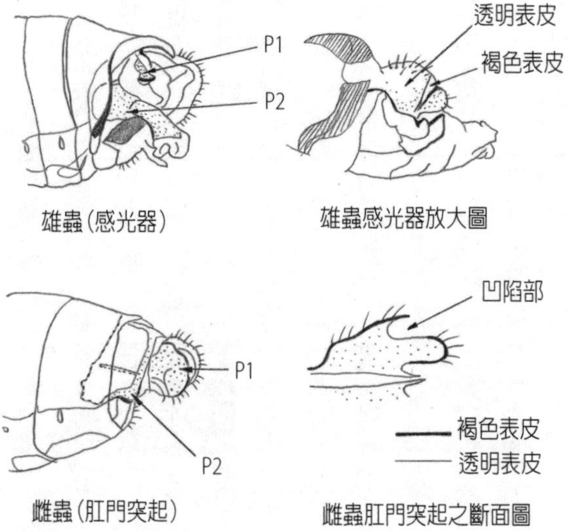

現今已知，當光線照射雌、雄蝶的腹端時，牠們都會展開生殖器。在一次預備試驗，以黑色顏料塗抹雄蝶腹端上面部位的一對感光器時，交尾率爲百分之二十三，即未能交尾的雄蝶爲百分之七十七；雄蝶拼命尋找雌蝶的生殖口，卻不得其門而入，終至飛走。但若塗上透明顏料，仍能交尾的雄蝶，則高達百分之六十六。如此看來，雄蝶上面部位的感光器被塗黑，雖然失去感光功能，卻不影響交尾意願。此後的試驗更證實，鳳蝶還會從交尾器發出光線，把光線利用在交尾的行爲上。

其實雄蝶的交尾器周圍有許多纖毛，若以灼熱的細銅線燒毀纖毛，交尾成功率會明顯地降低。因爲交尾時，雄蝶先用纖毛的觸覺，及另一對未被塗抹的下面部位的感光器，尋找雌蝶的生殖口；交尾成功時，上面部位的感光器也就被壓進雄蝶腹端。

從利用精密光學儀器的系列試驗得知，當雄蝶正確掌握雌蝶的交尾器時，上面部位感光器的感受度，降到原來的百分之十。由此推測，雄蝶的感光器一旦感受到光量降低，就知道已經接觸到雌蝶的生殖口，若仍感受到光線，就表示位置不對，必須放鬆把握器、修正插入的位置。感光器被塗抹的雄蝶，由於感受的光量沒有變化，只能一直尋找生殖口，最後敗興地放棄交尾。

值得一提的是，雌蝶的感光器被塗抹時，並不影響雄蝶交尾的成功率，但在產卵時，雌蝶會很活潑地移動生殖口，即產卵口。這樣的行為顯示出雌蝶的感光器，在產卵時可能扮演某種角色。那麼若塗抹下面部位的一對感光器，會影響雄蝶的交尾嗎？若只塗抹一對感光器中的一個，對交尾行為又有何影響？目前尚未見到相關的報告。

柑桔鳳蝶為何只靠這一對感光器就能決定交尾姿勢是否正確？萬一其中一個發生情況，那就無法交尾，留下後代了！這種機制雖然精緻但是否很危險？柑桔鳳蝶為何往利用光線的方向演化？雖然發現柑桔鳳蝶腹端的感光器不到十年，還有很多尚待探討的問題，但專家們認為：每一種蝴蝶的生殖器都有它獨特的構造，交尾時也發揮特有的功能，當感光器仍能感受到一些光線時，表示交尾姿勢不對，甚至表示對方是不同種類，雄蝶獲得這樣的資訊，才能避免做下錯誤的交尾。

除柑桔鳳蝶外，其他鳳蝶，甚至紋白蝶、挵蝶、小灰蝶等，腹端也長有眼睛——感光器。不過，不少蝴蝶幼蟲、蛾類成蟲的腹端卻都沒有眼睛。由此可見，這種眼睛對白天活動的蝴蝶成蟲是很重要的。

避債蛾五花八門的交尾形式

避債蛾（避債蟲）是我們相當熟悉的昆蟲，牠的幼蟲會吐絲，利用葉片及細枝條綴成蟲包，在裡面生活，避開外界的干擾，故有此名。避債蛾雖擁有高知名度，過去卻少有人對牠深入的研究。台灣已知的避債蛾，僅有二十多種，相較於全世界已知種類數多達七～八千種，這個數目稍嫌保守，台灣仍應有不少未被發現、記錄的種類。

在台灣二十多種避債蛾中，大避債蛾（*Eumeta japonica*）的蟲包長度達五〇～七〇公釐，體型較大，常出現在柑桔、茶樹、木麻黃等木本植物上。探討牠們有趣的交尾形式前，不妨先看看牠們的生活史和繁殖情形。

大避債蛾成蟲的羽化期在初春和夏末，即一年發生兩個世代。幼蟲藏身在垂吊於樹枝、樹葉下的蟲包裡，頭向上，從上面的裂口取食樹葉；到了化蛹期，幼蟲在蟲包裡一百八十度地反轉身體，以頭向下的姿勢化蛹，並封閉上面開口，在蟲包下端另做開口。至羽化期，雄蟲從下方開口爬出羽化。雄蛾多半白天羽化，羽化後暫時待在蟲包附近休息。因此，從留在出口旁的蛹殼，可以看得出來蟲包裡還有沒有蟲體，還能判斷羽化的是雌或雄。雄蛾的翅膀和身體都是黑褐色，沒有顏色鮮豔的斑點或條紋，很不起眼，或許這也是一般人不太願意以牠爲觀察對象的原因。除了外形不起眼外，牠的身體構造和生活方式，基本上都與其他蛾類類似。

不過，雌蛾就大不同了，羽化後，不但複眼、觸角退化，還缺翅、缺腳，身體肥肥胖胖，呈白色，宛如一隻大蛆蟲，並且躲在蟲包中，到了傍晚，才從下方開口伸出頭部和胸部。由於雌蛾的腹部特別肥胖，可卡住蟲包口，前半身伸出時，整個身體也不致掉落。雌蛾從露出外界的前胸部分泌腺散發性費洛蒙，引誘雄蛾；雄蛾便以此性費洛蒙爲路標，尋找雌蛾。

一般來說，分泌性費洛蒙引誘雄蟲交尾的蛾類或其他昆蟲，腺口大都在腹端，以便被引誘的雄蟲將目標定位在雌蟲生殖口附近。不過，大避債蛾的腹端卻位在蟲包的頂端，離下方開口甚遠，所分泌的性費洛蒙不易外溢，更遑論引誘雄蛾，因此只好改變腺口位置，將它移到前胸部。

由於雌蛾的生殖口也在蟲包頂端的最深處，被引誘的雄蛾只好將腹部從蟲包下方開口硬塞進去，並將腹部伸長到平常的兩倍以上，有時甚至把後胸部也擠進蟲包，讓交尾器向雌蛾蟲包裡伸長，才能到達雌蛾的生殖口。經過十～二十分鐘交尾完成，雄蛾收回交尾器和腹部，離開雌蛾，搏翅飛走。

雌蛾交尾後不久便產卵，由於這是牠此生第一次、也是唯一一次的產卵，產卵數常多達二千～三千粒。隨著產卵的進行，牠的腹部逐漸萎縮，最後只有產卵前的四分之一到三分之一大的身體。其間，雌蛾還用蟲包內側磨擦腹端，去掉此處的毛，以體毛隔開卵塊與自己的身體。產完卵後，雌蛾已是奄奄一息，幾天後即告死亡。經過約一個月，幼蟲開始孵化；由於有蟲包及母蟲腹毛的保護，卵發育得很順利，孵化率通常高達百分之九十以上。孵化的幼蟲爬越母蛾的屍體，從下方開口一隻隻出現，各自吐絲，將身體垂在蟲包下，隨風飄散；運氣好的降落在適合牠們生活的樹種上，運氣不佳的多數幼蟲，則飄吹到無法生活的場所。可見母蟲之所以產下大量的卵，就是為了彌補孵化幼蟲的高死亡率。

不過，大避債蛾的情形並不能代表所有避債蛾的生活史和繁殖行為，因為牠們是避債蛾中較為特殊或進化的種類。就整個避債蛾類來說，雌蛾缺翅、缺腳，是最進化的形態。雌蛾本來也有翅、有腳，經過以下四個階段的進化，才變為無翅又無腳：

一、**有翅有腳階段**：在這個階段，雌蛾與雄蛾一樣，具有發達的翅膀和三對腳，能飛、能走。羽化後的雌蛾通常飛離蟲包，或停留在蟲包附近，從腹端分泌性費洛蒙，引誘雄蛾來交尾。

二、**第一個無翅有腳階段**：羽化方式與第一階段相似，但翅膀已退化，完全失去飛翔能力，只能用腳慢慢移動行走，並緊握蟲包吊在下面出口處，在此引誘雄蛾。

三、**第二個無翅有腳階段**：腳的退化相當明顯，只有身體前半部可以爬到蟲包外，腹部末端就留在蟲包中，因此，此階段雌蛾的整個身體變成「C」字狀。

四、**無翅無腳階段**：就像前面提到的大避債蛾，複眼、觸角、翅膀及腳皆已退化，必要時只伸出頭、胸部，佔身體大部分的腹部仍留在蟲包內，費洛蒙分泌腺的開口也移到前胸部。

屬於第一階段的避債蛾，尋偶、交尾行爲幾乎與其他蛾類相同。第二階段的避債蛾，雌蛾的行動範圍僅限於羽化的蟲包附近，與飛到附近的雄蛾幾乎不互動，雄蛾發現雌蛾後立刻與牠交尾。到了第三階段，雌蛾的行動力更爲退化，已無法離開蟲包，生殖口就留在蟲包裡，雄蛾必須步行到雌蛾蟲包下方，才能與牠交尾；在這個階段，雄蛾才出現將腹端塞進雌蛾蟲包的習性。到了第四階段，由於雌蛾完全失去移動性，分泌性費洛蒙的腺口已移到前胸部，雄蛾得以練就在雌蛾蟲包中伸長腹部、交尾器的特技。

大避債蛾的特殊交尾行爲，大致經過上述演化階段而來。節省了一對翅膀、三對腳的雌蛾，將爲了形成翅膀、腳所用的營養轉移到產卵，如此一次可產下上千粒的卵，這就是牠被認爲較進化的原因。

黑點圓椿象雄蟲爲何成群尋偶

在行爲動物學的領域中，有個專有名詞叫「賽局理論」（game theory）。正如我們在球賽中時時想到，要繼續帶球前進，或將球傳給某個位置的隊員，才能得到最高的分數，動物的所有行爲也照這種原則進行，以最佳的戰術追求最佳的繁殖效果。雖然把動物的行爲擬人化，可能會失之偏頗，但在觀察牠們的行爲和生活型態時，我們往往驚訝地發現，牠們與人類相似的地方還眞不少。在此就以黑點圓椿象（*Megacopta punctatissima*）成群尋偶的情形略爲說明。

黑點圓椿象，體長五公釐左右、略呈半球狀，因爲黃褐色的身體上散布了黑點而得名。春天，成蟲三三兩兩地出現在豆科植物的莖上，形成群聚，少時只有兩隻，多則可達二十多隻，以雄蟲居多。雄蟲聚在一起，顯然是爲了引誘雌蟲，因此被稱作「求偶群集」。蟬、蟋蟀、螽蟖等以鳴叫引誘雌蟲的昆蟲，都屬於這類。

求偶群集的昆蟲，常常採用合唱的方式引誘雌蟲。因爲雄蟲多，發出的聲音較大，引誘力也大，但結果往往「粥少僧多」，激烈的奪雌鬥爭就在所難免。這種策略到底划不划得來？計算引誘的雌蟲數，可發現多隻雄蟲合作時，確能引誘較多的雌蟲；但若與一隻雄蟲所誘到的平均雌蟲數作比較，多隻雄蟲的合作模式不見得合算。

例如在黑胸竹蟖（*Conocephalus nigropleurum*）的試驗中，在房間的一角設置一架播音器，對面的另一角設置三、四架播音器，然後在房間中央釋放一些雌蟲，開始播放雄蟲的求偶叫聲。結果發現，設置三、四架處的角落，每架播音器誘到雌蟲的平均數，多於只置放一架播音器的那一角。不過也有相反的狀況，如此看來，群集求偶的模式，不見得對每隻雄蟲都有好處。

就幾十隻黑點圓椿象以多種顏料做個別標識，進行野外觀察，此時發現以下的趨勢：一、群集中的成員出入頻繁，並非由特定的幾隻雄蟲組成，也不見長期留在這裡的雌蟲；二、雌蟲只在交尾時留在群集中，交尾完便離去，雄蟲逗留較久；三、群集中，不能和雌蟲交尾的雄蟲超過四、五隻時，雄蟲隨時都可能離開此地。因此，在一個群集中，通常可以看到數對交尾中的成蟲，及兩、三隻等候雌蟲的孤獨雄蟲。

在種植大豆的網室中觀察，可知只釋放雄蟲時，雄蟲會在大豆株上形成群集，但只釋放雌蟲，則不見群集形成。雖然雄蟲成群時，遇到或引誘到的雌蟲數，以一隻雄蟲爲單位換算，不一定如單隻行動的雄蟲所遇到的那麼多，但雄蟲引誘雌蟲的最終目的，乃在於交尾。因此，調查雌蟲的交尾成功率即知，單獨行動的雄蟲交尾成功率爲百分之二十九，但成群時，則可高達百分之五十。

雄蟲的群居或獨行，爲何在交尾成功率上有如此明顯的差異？因爲獨行的雄蟲所遇到的雌蟲，大多是偶然遇到，此時的雌蟲未必有交尾意願；而被雄蟲群集吸引來的雌蟲，就是爲了交尾而來。

從以下椿象類的交尾過程來看，更能明白雌蟲的交尾意願，是左右交尾成功率的關鍵。雌、雄蟲相遇時，雙方以觸角互相觸摸數秒鐘，接著雄蟲一邊以觸角觸摸雌蟲的身體，一邊移到雌蟲腹部末端，然後反轉身體一百八十度，伸出交尾器，推起雌蟲腹端，嘗試交尾。如果雌蟲不配合，拉起腹端或走幾步離開，雄蟲便無法交尾；雄蟲求偶時，雌蟲如果不願停止爬行，雄蟲也無法交尾。無論如何，在交尾過程中，看不到雄蟲爬上雌蟲背部、控制雌蟲的行為。

當群集中有一、兩隻未交尾的雄蟲時，牠們通常在四、五小時內可以遇到雌蟲，交尾的機會仍高；但當未交尾的雄蟲數超過三隻時，等候交尾的時間就拉長了。從等候的雄蟲離開群集，另找新群集的臨界值來看，雌蟲迴避獨行的雄蟲，偏好群聚中的雄蟲。就附帶的效應來看，雄蟲成群時，發出的椿象獨特氣味較濃，一些椿象卵寄生蜂，就以這種氣味為路標，找出椿象卵塊而產卵。不過，黑點圓椿象也不是省油的燈，交尾後，雌蟲便離開群集，找一株沒有群集的豆科植物產卵，以便避開寄生蜂。

如果把圓椿象的群集看作美食廣場，雄蟲就好比廣場中的一個個攤位，雌蟲是來這裡找東西吃的顧客，正在等候雌蟲的雄蟲，就是生意清淡的攤位，若是有段時間沒有客人關照，只好收攤。從這個角度來看，圓椿象的一些習性，跟我們人類也眞有異曲同工之處呢。

黃尾緣椿象對交配時間的精打細算

動物交配的時間依種類而異。有鄉村生活經驗的人或許看過公雞與母雞交配，公雞爬上母雞背上，只消數秒即完成交配。蛇類以交配時間長而有名，或許這也是蛇鞭被認為有壯陽效果的原因吧！至於昆蟲，目前所知的最長交尾記錄是一種竹節蟲，長達七十九天。動物交配的主要目的，不過是雄性將自己的精子（遺傳基因）送到雌性體內，完成這個目的爲何需要這麼長的時間？何況在自然狀況下，交配對雌、雄性而言，都是極危險的時期，因爲此時動作和反應必然緩慢，被敵人發現的機率高，極易被捕食；再者，交配期間不易取食，難以補充能量，也勢必造成體力耗損。

事實上，從一些試驗中得知，大多數的昆蟲，雄性在交尾開始不久，精子就已送入雌性體內，後續漫長的交尾時間與受精作用並無直接關係。然而，雄蟲爲什麼還何樂此不疲？原來是雄蟲爲了防止「自己的」雌蟲再與其他雄蟲交尾。觀察黃尾緣椿象（*Hygia lativentris*，又名環紋黑緣椿象）的交尾過程，即可略見端倪。

黃尾緣椿象是體長約一公分的灰褐色椿象，常活動於菊科、豆科等植物莖部。在黃尾緣椿象的群聚中，常可見到數隻甚至二、三十隻正在交尾的雌、雄蟲，及少數單獨的雄蟲。詳細觀察，在群聚的植物根際部地面，仍有一些雌、雄蟲。這些地上活動的成蟲，是產卵前或產卵後的雌蟲，和正在尋找產卵後雌蟲、想和牠交尾的雄蟲。雌蟲一產完卵，便馬上和這些雄蟲交尾，並且維持交尾姿勢爬上植物莖部，一連幾天保持這種姿勢吸食植物汁液，直到體內的卵成熟爲止。雌蟲等卵一成熟，就一腳踢開雄蟲，下到地面產卵，雄蟲也跟著下到地面，繼續尋找新的配偶。

測定數百次的野外交尾時間得知，黃尾緣椿象交尾時間最短者平均三天，最長者可達九天，差異頗大。針對六對開始交尾的緣椿象，在不同時間強迫中斷牠們的交尾，調查雌蟲產卵的受精率，得知只要四～五小時的交尾時間，受精率即已接近百分之百。若交尾的目的只在精子的傳遞，四～五小時即已足夠。

雖然有些蝶類、螽蟖也屬於交尾時間長的昆蟲，雄蟲會趁著延長的交尾時間，把含有豐富營養的精包傳遞給雌蟲，以增加雌蟲的產卵數，但黃尾緣椿象的情況並不相同，交尾時間的延長並不會使雌蟲的產卵數增加。雖然我們可以列出幾種延長交尾時間的好處，但仍以預防別隻雄蟲交尾的可能性較大。在此就朝這個方向略作分析。

既然雄蟲交尾後，必須維持交尾姿勢陪伴雌蟲，以防止別隻蟲橫刀奪愛，我們可以做以下的假設：若雌蟲的卵巢已達成熟期，可以縮短交尾的時間；若雌蟲的卵巢仍在成熟初期，那就只好延長交尾的時間了。

不過，上述的假設只對了一半，因爲當地表上，雌、雄蟲數較多時，雄蟲也會一直陪伴雌蟲，直到產卵；蟲數不多時，雄蟲就不一定陪伴到底，短暫交尾後，便趕著去找其他雌蟲交尾。也就是說，交尾時間視蟲數的多寡而決定，若雌蟲較多，節省時間，雄蟲可與多隻雌蟲交尾，如果雄蟲較多，爲避免被別隻雄蟲後來居上，只好佔著雌體繼續維持交配了。

此外，群聚中存在的雄蟲數，極可能是決定交尾時間的另一關鍵。經過一連串改變雌、雄蟲數及雌、雄蟲比率的室內試驗得知，當一隻雄蟲配一隻至多隻雌蟲時，不管雌蟲隻數如何，雄蟲的交尾時間都不超過兩天；當供試族群中有兩隻以上的雄蟲時，也不受雌蟲隻數的影響，平均交尾時間會超過兩天，甚至長達四天。

顯然地，雄蟲不會去算周圍有多少隻雄蟲和雌蟲，但只要有另一隻雄蟲存在，牠便延長交尾的時間，以防止別隻雄蟲與牠交尾過的雌蟲交尾。這麼小的昆蟲，還挺會吃醋，而且在繁殖行為上，展現充分的應變能力；昆蟲界之奧妙，由此可見一斑。

女王蜂的蜜月飛行

蜜蜂算是與我們關係最密切的社會性昆蟲，在《舊約聖經》裡就有關於牠們的記載。蜜蜂社會的主要成員是女王蜂和工蜂，女王蜂有六、七年的壽命，一天可產二千粒卵；工蜂受到女王蜂分泌的一種費洛蒙的作用，卵巢萎縮，變成不具雌性功能的雌蜂，過著勞動的生活，而且只有約一個月的壽命。女王蜂和工蜂兩者的差異，大約開始於幼蟲期的第三天。

女王蜂的幼蟲在特別的育幼房「王台」中長大，取食工蜂所分泌的特級食品——蜂王漿。孵化後的第一、二天，與王台中的幼蟲一樣取食蜂王漿的，還有以後將變成工蜂的幼蟲；但從第三天起，以後變成工蜂的幼蟲只以花粉與蜜為食物，並蟄居於六角形的小房間。只有當女王蜂因故死亡時，工蜂才得以擺脫那控制卵巢發育的費洛蒙，恢復雌性，變成會產卵的工蜂，或者緊急改造部分六角形小房間為王台，並以蜂王漿餵食裡面的幼蟲，扶正為新一代的女王蜂。此時工蜂的幼蟲像灰姑娘一樣，有麻雀變鳳凰的可能。

其實，在一個蜂巢中，女王蜂會製做數百個王台，最早羽化的新女王蜂，首先要做的工作就是破壞其他王台，取食裡面的幼蟲或蛹，避免牠們成為日後的競爭對手。如果兩隻以上的新女王蜂同時羽化，雙方不可避免地將展開一場生死鬥，由體力最好的那隻勝出，才能進行接下來的蜜月飛行。女王蜂雖然也具有和工蜂相同的毒針，但不作攻擊外敵之用，而是作為與同時羽化的女王蜂一決勝負的武器。

在蜜蜂的社會裡，另有數百隻具有大複眼的成員，就是雄蜂。牠們是從女王蜂產下的不受精卵孵化長大，只有媽媽，沒有爸爸，由工蜂提供食物，不必工作，悠閒過日，頂多晴天出來蜂巢外曬曬太陽，是蜜蜂社會裡的特權分子。春天是蜜蜂的交尾時期，由工蜂負責製做王台養育的處女女王蜂，羽化不久就步出巢外，飛向世界。

將處女女王蜂關入一個小型鐵絲籠，利用氣球帶著鐵絲籠飄上天空，可以觀察到，從各處飛出來成千上萬隻雄蜂，聚集於鐵絲籠旁邊，想與女王蜂交尾。由此即知，處女女王蜂對雄蜂的魅力，在自然情形下，雄蜂都集中在地上十五公分高的場所，等候處女女王蜂的出現。雖然一個蜂巢裡有上千隻雄蜂，但牠們在蜂箱中遇到女王蜂時，不會引起任何反應，然而在蜂箱外的空中，處女女王蜂邊飛邊分泌能使雄蜂興奮的性費洛蒙，雄蜂遇到女王蜂時，便會拼命追趕牠。不過，女王蜂似乎不急著選

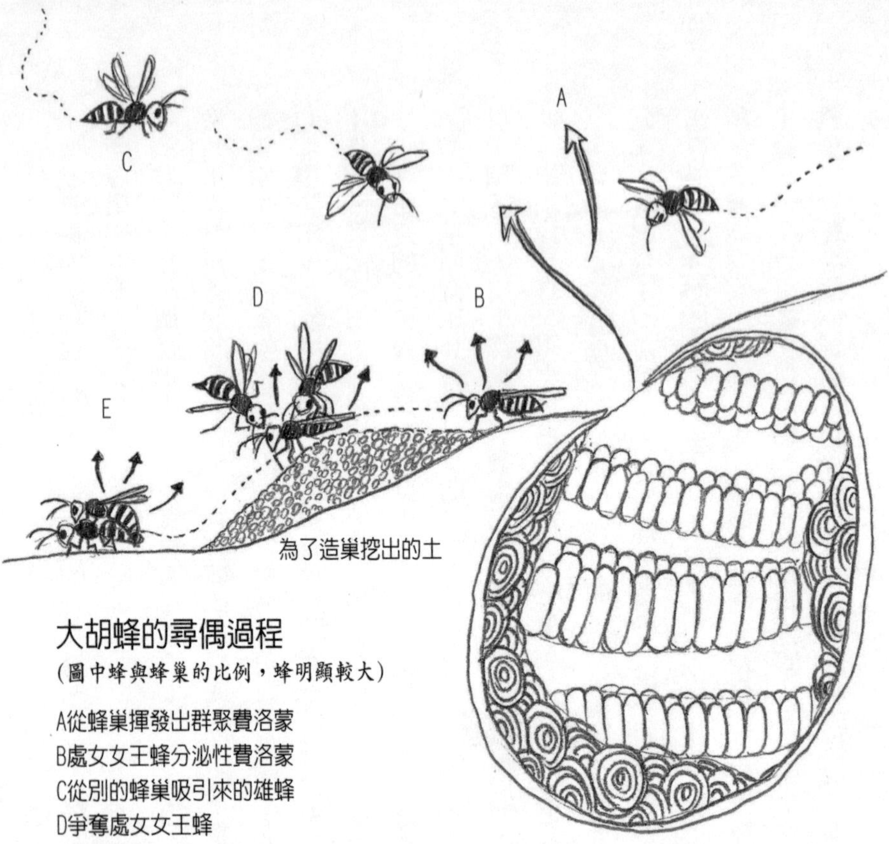

大胡蜂的尋偶過程

(圖中蜂與蜂巢的比例，蜂明顯較大)

A從蜂巢揮發出群聚費洛蒙
B處女女王蜂分泌性費洛蒙
C從別的蜂巢吸引來的雄蜂
D爭奪處女女王蜂
E雄蜂與處女女王蜂交尾

擇對象，只是快速飛翔，任憑雄蜂苦追；最後才選擇飛得最快、體力最佳的一隻雄蜂交尾。不禁令人聯想到人類社會，男生苦追女生，女生不爲所動，觀望再三，等待條件更好的男生出現的情景。

獲得青睞的雄蜂，在空中爬到女王蜂背上，將巨大的生殖器插入女王蜂體內，送進精子而完成交尾，這雖只是幾秒鐘的行動，但此次交尾已然耗盡雄蜂的體力，交尾後不久雄蜂便告死亡。女王蜂則繼續牠的蜜月飛行，在旅行中與其他幾隻雄蜂交尾，每次的交尾都使一隻雄蜂喪命。對女王蜂來說，一生就那麼一次蜜月旅行，當然要趁此機會在貯精囊中貯滿精子，作爲往後幾年讓卵受精之用。小小的精子竟然能在女王蜂的貯精囊中維持好幾年的生命，實在不可思議，也讓人不能不對自然界的生命現象心存敬畏。

至於錯失交尾機會的雄蜂們，只好黯然回歸舊巢，但牠們在蜜蜂的社會中已成了廢物，到了秋天，蜂巢內的食物開始缺乏，這些沒有覓食能力的雄蜂被工蜂趕出巢外，飢餓而死。

完成蜜月旅行的女王蜂回到原來的舊巢，取代牠媽媽老女王蜂，成爲新的女王蜂。老女王蜂則帶著約一半的工蜂和一些雄蜂，離開蜂巢而分家，這就是所謂的「分封」。分家的集團以女王蜂爲中心，在就近的樹枝上另築一個大球狀的新巢，這種現象使人恐慌，往往請消防隊來摘除，其實這時的工蜂相當溫馴，甚少螫人。此後老女王蜂與工蜂一起經營新社會，但女王蜂的年齡到底太大，已不見過去旺盛的生命力，因此蜜蜂的社會實際上仍由新女王蜂繼承下去。

獨角仙大有優勢，小有策略

獨角仙是我們相當熟悉的昆蟲之一。只要稍微用心觀察，不難發現一群獨角仙雄蟲中，會有不同體型的雄蟲。理論上來講，大型的力氣大，在交尾競爭中佔上風，體型小者在競爭壓力下將被淘汰。然而事實未必如此，在獨角仙群中，仍處處可見小型的雄蟲，說明了小型雄蟲也有繁衍的祕訣！

在說明小型雄蟲的繁殖策略前，不妨先來看看獨角仙成蟲的生活習性。從獨角仙成蟲口器的構造可知，牠們只能舔食樹液或含大量水分的食物。事實上，牠們也真的喜歡吸食闊葉樹幹的汁液，因此樹幹上流出樹液的地方，就成爲雌、雄蟲相遇、交尾的場所，亦即雄蟲爭奪雌蟲的戰場。獨角仙的成蟲，白天都躲在落葉下的陰涼處，壽命大約六十天。天黑後不久，雌蟲即出現在有樹液的地方，一直待到翌晨太陽升起，但雄蟲最多的時段是深夜至天快亮的時候。雖是如此，除非有多隻雌蟲，或找不到吸食場所，否則很少發生推擠的現象。

大型雄蟲具有大型的頭角，小型雄蟲的頭角則較小。測定頭角長度時可得左頁附圖的結果。在此暫以頭角的長度，分成短於十六公釐者的小型者，長於十六公釐的大型者。在圖中值得注意的是，大型雄蟲的頭角長度頂多爲三十公釐，超過三十公釐的超大型雄蟲數量銳減。也就是說，雄蟲頭角很少超過三十公釐。

獨角仙頭角長度與隻數的關係

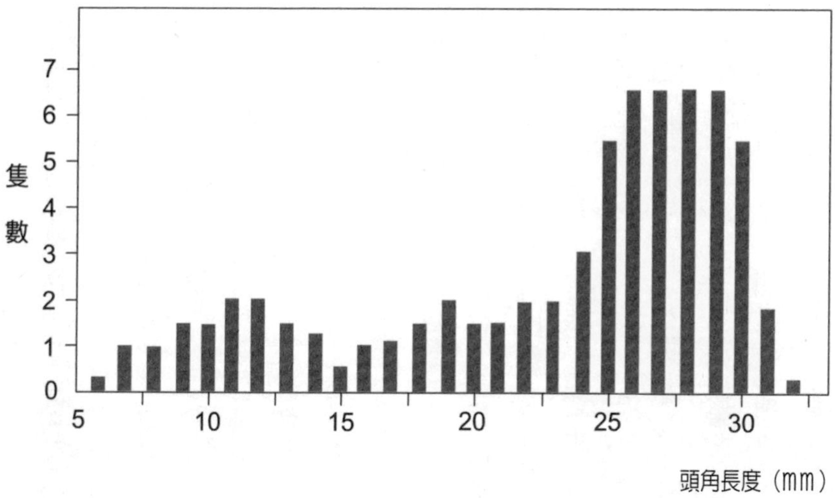

在樹幹上，雄蟲的行爲與雌蟲不同，大型雄蟲與小型雄蟲的行爲也不一樣。先來看大型雄蟲的情形。牠在樹幹上出現的時間大致和雌蟲相同，飛到樹幹後，馬上開始吸食樹液，但仍不忘巡視四周，遇到別種甲蟲或同種的獨角仙時，便開始一連串的不同反應。當碰到一個物體時，牠會沿著它小心地前進，確認它爲何物；如果遇到同種的雌蟲，雄蟲不會馬上反應，繼續前進，判斷該雌蟲是否成熟，已達交尾期；如果遇到的是同種的雄蟲，就當機立斷，看是要迴避或展開打鬥。

由於獨角仙在夜晚活動，無法以視覺判別對方的體型大小，只好用頭角頂端試探，若對方比自己大時，就選擇迴避，以免羊入虎口；比自己小時，對方會自動禮讓；只有在碰到體型相當的對手時，才會開始爭鬥。其中一方，通常會將頭角插進對方的胸部下方，將對方撐開。但當對方將前腳從樹幹鬆開時，插入頭角的一方反而會將腹面暴露，給對方插進頭角的機會，而被打落在地上。此外，也有以頭角從側方挾住對方身體的攻擊方法。

這種打鬥，對雄蟲而言其實要付出很大的代價。因爲經過打鬥受傷的雄蟲，飛翔能力或打鬥能力都將明顯退步。一般來說，身體愈大者，愈常打鬥，受傷的機會愈大，受傷後與雌蟲交尾的機會大爲減少。頭角超過三十公釐的超大型雄蟲，因爲好戰，存活及交尾的機率反而銳減，這就是很少看到超大型雄蟲的原因。

顯然地，打鬥前利用頭角試探，不僅可以避免因實力懸殊的蠻幹而落敗，也能節省時間用來尋偶、交尾。這種現象在其他動物中也很常見，例如在動物影片中，常可以看到兩隻雄鹿在以頭角互鬥前，會並排而走，邊走邊觀察對方的體型、鹿角的大小。若是對方身強體壯，自知不是對手，就自動退讓；若旗鼓相當，輸贏未定，才進入互撞鹿角之戰。

一般而言，在樹幹上，小型雄蟲要是碰到比自己大型的雄蟲，只有讓賢一途。但仔細觀察，小型者也有兩種交尾機會，一是比大型雄蟲搶先一步到達樹幹。根據觀察，小型者出現在樹幹上的最高峰期，比大型者早一、兩個小時，此時可在沒有干擾的情況下放心吸食，並和樹幹上少數先報到的雌蟲交尾。二是與大型者一樣，以頭角尋找雌蟲，如果碰到的是比較大型的雄蟲，只能識相讓步，但還是有碰到雌蟲順利交尾的機會，而且成功率與大型雄蟲大致相同。如此看來，小型雄蟲雖然先天不足，但若採用適合的繁衍策略，仍有存活立足的空間。

其實獨角仙的頭角，自古就是動物學者討論的熱門話題。例如達爾文就認爲，雄性的頭角是爲了吸引雌蟲而存在的一種裝飾品。但夜行性的獨角仙雌蟲如何在黑暗中，判別雄蟲頭角的大小呢？也有人認爲，頭角是用來保護自己免受捕食者的攻擊，或是用來刮破樹皮、讓樹液流出，或充當挖洞的工具等。但這些說法都無法說明爲何只有雄蟲才有頭角。現在的研究只能確認，雄蟲頭角在夜晚可用來試探所碰到的物體大小，以避免不必要的打鬥，並在打鬥時充當武器。而這個事實的揭露還是近十餘年的事，可見在我們生活週遭，還不知有多少底細未明的事情呢！

寫到這裡，想到有關黑鳳雀（*Coliuspasser progne*）的著名試驗。黑鳳雀是棲息於東非草原的一種鳥，以禾本科植物的種子爲食，雄鳥至交配期，部分尾羽一直伸長，有時長達五十公分。雌鳥黑褐相間、類似麻雀，很不起眼，但偏好與長尾的雄鳥交配。在一次試驗中，故意剪短尾羽，把長尾型雄鳥變成短尾型，或相反地，黏上多餘尾羽製作長尾型雄鳥，讓雌鳥選擇交配對象，結果雌鳥對人爲的長尾羽型雄鳥確實有偏好性。從這個試驗可以得到一些啓發，如果剪掉大型獨角仙的部分頭角，做成體大角短的雄蟲，或在小型雄蟲的頭角上黏上頭角，做成體小角長的雄蟲，當牠們碰到別隻雄蟲時，會有怎樣的反應？有興趣的讀者不妨試試。

在陰濕的草叢裡，有時可以看到突眼蠅（*Teleopsis* spp.），牠的頭部呈T字形、體長六～七公釐，因為複眼長在長約五公釐的T字形橫桿兩端，而得此名。牠為何長得如此奇形怪狀？原來這樣的長相大有所用！兩雄相爭交尾機會時，會先比一比兩個複眼間的距離，據此衡量彼此身體的大小，若對方明顯比自己高大，就少惹為妙，避免浪費力氣和時間做格鬥。

小跳蚤娶某大姊

雌、雄蟲在型態上有明顯差異的，叫做雌雄異型（sexual dimorphism）。動物體型大致可以分為三類：雄性大於雌性、兩性約等及雌性大於雄性。

屬於第一類的有獅子、海獅、大象、鹿、孔雀等我們常見的動物，昆蟲中的鍬形蟲、獨角仙等也屬於此類。雄性比雌性大的理由很簡單，身體強壯的雄性容易在同性競爭中取得優勢，獲得與較多隻雌性交尾的機會，留下更多後代。我們常可在動物影片中看到雄鹿、大海獅身旁有多達數十隻、甚至數百隻的雌性圍繞，體型較瘦弱者的雄性卻只能在雌群附近徘徊。

至於第二類雌、雄體型差不多者，在哺乳類中較少見，但在鳥類的烏鴉、鴿子、麻雀及爬蟲、兩棲類中則不難見到，大多數的昆蟲也是屬於這一類，例如我們日常見到的瓢蟲、象鼻蟲、椿象、蛾類、蝶類等，這使得我們無法憑體型大小來判斷牠們的性別！

「雄大雌小」與「雌雄同大」的動物，在雄性的繁殖策略上有很大的差異。想一想為何雄性黑猩猩的身體，不像雄性大猩猩般遠大於雌性？有興趣的人不妨查閱靈長類動物社會生態學的相關書籍。

第三類「雌大雄小」，在動物界中可算是少數派。在深海中有一種鮟鱇魚，雄魚常寄生在雌魚身體上，體重只有雌魚的五萬分之一。大多數的蜘蛛，也是雌蛛明顯大於雄蛛，只不過差異沒有前述的鮟鱇魚那麼大罷了！蜘蛛中，張羅大網的是雌蛛，為的是等待獵物自投羅網，以便補充營養，養育體中的卵；而雄蛛通常只是戰戰兢兢地躲在蛛網角落，等著與雌蛛交尾的可憐蟲。昆蟲中的螳螂、蝗蟲、跳蚤也屬於這類。

關於雌大雄小，著名的例子就是體型較大的雌螳螂會趁交尾的機會，吃掉體型比牠小的雄螳螂。而在野外、草原中，也常可看到大蝗蟲背著小蝗蟲，背上的小蝗蟲就是雄蟲，例如前一章介紹過的負蝗（見63頁）。雌大雄小最明顯的例子非跳蚤莫屬了，目前已知約二千種跳蚤，都是雌蚤比雄蚤大，無一例外。跳蚤中身體最大的，可能是以棕熊為寄主的熊蚤，雌、雄蚤未吸血時，體長通常為四～四．五公釐，吸血後雌蚤體長可達八．五公釐；雄蚤由於不吸血，所以體型並不產生變化。因而，就有以

「跳蚤夫妻」來形容男小女大配的說法。

其實，眞正的男小女大配，是生活於東南亞熱帶雨林的一種紅螢*Duliticola paradoxa*，雌蟲體長七～八公分，無翅、體型扁平，呈褐色，常活動於枯木、落葉下；雄蟲體長不及一公分，有翅且外型就像一般甲蟲，常可在雌蟲腹部末端見到正在交尾的雄蟲。雄蟲身體約爲雌蟲的十分之一，但以體重而論，竟有兩百倍之差，應可列入昆蟲界雌大雄小的「金氏世界紀錄」吧！

雌大雄小到底有什麼優點？與其他動物一樣，昆蟲成蟲最大的任務也是傳宗接代。因此，雄蟲最主要的工作就是在廣大的自然界中，尋找雌蟲交尾。大部分的雄蟲交尾完就大功告成，但雌蟲還要孕育下一代，還有一大段路要走。由此可知，在傳宗接代的神聖使命下，雌蟲體力的消耗量遠比雄蟲大許多。

大多數的昆蟲壽命都很短，牠們必須在短暫的成蟲期內完成尋偶、交尾及產卵的工作，而少數成蟲壽命較長的種類，長大成蟲後，仍需攝取食物，以供卵巢成熟所需的營養。無論如何，雌蟲需要比雄蟲更多營養，是不容置疑的。例如雌蚊需要補充以蛋白質爲主的營養，必須吸血，但雄蚊口器的構造卻相當簡單，只要吸食果汁等醣類，以提供飛翔時的能量即可。至於成蟲期較短的昆蟲，則完全靠幼蟲期所蓄積的營養來讓卵細胞成熟。無論成蟲期須取食與否，雄蟲與雌蟲在體型上有差異，是不可避免的現象。

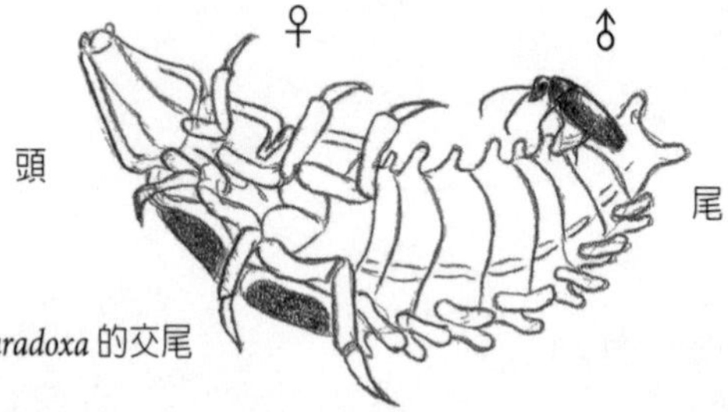

紅螢 *Duliticola paradoxa* 的交尾

另一方面，雌蟲體型大型化，可以產下更多的卵，達到多子多孫的目標。例如，白蟻女王蟻一生可產數十萬、甚至數百萬粒的卵，因此女王蟻的體型遠比雄性王蟻、甚至比工蟻大好幾倍。簡單地說，大雌的好處就是可以產更多的卵，而雄蟲或許也是想留下更多自己的後代，而偏愛找大型雌蟲交尾吧。

雄螳螂千鈞一髮的死亡性愛

法布爾曾在名著《昆蟲記》中，以生動的文字描述「雄螳螂在交尾時奉獻自己的身體做爲雌蟲的食物，提供雌蟲產下更多卵的營養」以及「雄蟲爲了交尾接近雌蟲，被雌蟲發現，瞪了一眼後，雄蟲就好像被雌蟲點到穴道般，無法動彈」等情景，令人印象深刻。在一些書籍中，我們也可以讀到有關螳螂這種生活行爲的記述。如果雄螳螂交尾時都被雌螳螂吃掉，那麼我們在野外就看不到這麼多隻雄螳螂了。再者，交尾時，如果註定要犧牲生命，雄螳螂爲什麼還要那麼謹愼地接近雌螳螂，牠大可慷慨赴義地走向雌螳螂不是？

其實，在交尾後，雄螳螂通常會盡快離開，年老、動作遲鈍或倒楣的雄螳螂，才會被吃掉。在此，我們不妨從螳螂本身的「互相殘殺」習性，及其交尾過程來探討。

螳螂是純肉食性的埋伏型捕食者，凡是身邊會動的物體，牠都先以獵物看待，然後依據該物體的動作，判斷是否可食，再決定採取什麼行動。所以，在一個小容器中飼養多隻螳螂，牠們就會互相殘殺，取食同伴，根本不必另外提供食物。

以大螳螂（*Tenodera aridiforia*）來說，雄螳螂的體重大約只有雌螳螂的三分之一，而且比較苗條，所以雌、雄互相殘殺時，雌螳螂必然是佔上風。雄螳螂身材苗條，卻比雌螳螂善於飛翔，運動量雖約爲雌螳螂的一．五倍，捕食量卻僅是雌螳螂的二十分之一至十分之一。雄螳螂攝取的營養，主要用在尋偶時的飛翔、爬行，雌螳螂爲了產卵而需要更多的營養。在野外，雌螳螂經常空著肚子，埋伏在固定的地點等候獵物，若兩、三天沒有獵物可捕，牠便會四處徘徊主動尋找獵物。若雄螳螂剛好以這種雌螳螂爲交尾對象，勢必凶多吉少。因此，雄螳螂接近雌螳螂時都格外謹愼，只利用雌螳螂未留意的瞬間接近，一被發現，就立刻停止爬行。這就是雄螳螂好像被點穴，不能動彈的原因。

一般認爲，螳螂是白天活動的捕食性昆蟲，其實牠們的活動沒有想像那麼單純。將一隻處女雌螳螂與一隻雄螳螂悄悄釋放在草叢中；傍晚，雌螳螂彎曲腹部末端，附近的雄螳螂則舉起頭部，前後顫動觸角地慢慢走近，此時已天黑，雄螳螂應該看不見雌螳螂，但牠卻能很正確地走近雌螳螂。原來雌螳螂身體分泌性費洛蒙，引誘並引導雄螳螂來交尾。

這時雄螳螂的動作已不那麼小心翼翼，而是激烈地振動身體、搖動草葉，然後彎曲腹端，與雌螳螂的姿勢相同。雌螳螂似乎爲了回應，腹部弄得更彎，並向著雄螳螂移動，到二～三公分的距離時，就靜止不動。此後，如果雌螳螂先採取「振斧」行動，雄螳螂就會被吃掉；如果雄螳螂在雌螳螂採取行動之前，先跳到雌螳螂背上，然後反轉身體，用前腳緊緊捉住雌螳螂的頭，從腹端伸出交尾器，就可順利交尾。經過長達四～五小時的交尾後，雄螳螂會迅速從雌螳螂的背上跳下，並遠離雌螳螂。這種能夠順利交尾，又活著離開的幸運兒，在觀察案例中約佔三分之二。但有時雄螳螂未抓緊雌螳螂的頭部，交尾中的雌蟲反過頭來，抓住雄螳螂的身體開始取食，有意思的是，雄螳螂的腹端仍在和雌螳螂交尾。

爲了留下更多自己的後代，雄螳螂希望能與更多的雌螳螂交尾。在三十五次的觀察例中，一隻雄螳螂的交尾次數最多可達七次，平均爲二．二次；而雌螳螂的交尾次數最多僅四次，平均爲一．八次。可見，能夠順利完成交尾，且逃命成功的雄螳螂還是不少。只是若遇到極爲飢餓的雌螳螂，尤其是大白天爲了尋找獵物而四處奔走的雌螳螂，那就得算牠倒楣！這種倒楣的雄螳螂的最後殺手鐧，就是分泌一種性費洛蒙，來誘發雌螳螂的交尾行爲，並提高自己的交尾意願。對雄螳螂來說，這是一場賭命。以往我們所認知的「雄螳螂的自殺性交尾」，顯然只是依據片斷觀察所串編的故事而已。不過，雄螳螂是否眞的願意被吃掉，還有不少疑點有待釐清。

雄蟲在交尾時會被雌蟲吃掉的例子，也見於不是昆蟲的蜘蛛。分布於台灣的長圓金蛛（*Argiope aemula*）在交接時，常發生雄蛛被雌蛛取食的現象。長圓金蛛雄蛛的體型只有雌蛛的五分之一，而且一生通常只交尾一次，雄蛛經過最後一次蛻皮變爲成蛛，就不再造網而到處徘徊，然後寄居於雌蛛所造的網中。由於體型小，牠只取食雌蛛吃剩的獵物，或雌蛛沒興趣的小型獵物，不致影響雌蛛的民生問題。

長圓金蛛雌、雄蛛交接的過程，與其他蜘蛛大致相同，且交接的時間通常超過四十分鐘。在十一次交接中，有九隻被雌蛛吃掉，只有兩隻未被取食。未被取食的原因，是牠交接的時間只有五、六秒，看來還未把精包交給雌蛛，雌蛛也還來不及出手捕食。因此，順利逃生的雄蛛能有第二次交接的機會。

針對這些供試的雌蛛，調查牠們的產卵數與孵化率即知，經過四十分鐘以上的交尾後，無論交接一次或兩次，都產下一萬三千至一萬六千粒卵，孵化率在百分之八十八以上，也就是產卵量不受交尾次數所影響。那麼，取食雄蛛，是否能增加雌蛛自身的繁殖能力呢？目前還未出現有關長圓金蛛這方面的報告，但根據以鬼蛛（*Araneus ventricosus*）爲對象的試驗報告，取食同種雄蛛的雌蛛，此時增加的體重，超過取食相同重量的其他食物的雌蛛。如此看來，對雌蛛而言，雄蛛應是極營養的食物。著名的毒蜘蛛黑寡婦（*Latrodectus mactans*），交接時，雄蛛會故意把身體翻轉到雌蛛的口器附近，供雌蛛取食，黑寡婦的名稱便是來自這種怪異的「死亡性愛」舉動。

紅杏出牆也有正當理由

昆蟲中許多種類的雄蟲都有多次交尾的行爲，看起來風流倜儻、又處處留情，但這不能怪牠，在精子競爭的壓力下，與牠交尾的雌蟲所生下的後代未必就是牠的骨肉，因此牠只好與多隻雌蟲交尾，也就是「以量（次數）取勝」。雌蟲在一次交尾中，通常就能得到一生所需的精子，並貯藏於貯精囊中，慢慢利用，像蜜蜂、螞蟻、白蟻的女王都是典型的例子。既然如此，爲何有些種類的雌蟲仍有多次交尾的趨勢？

剛完成交尾的雌蟲，的確會拒絕後來雄蟲的交尾，在田間，若看到大張翅膀、舉起腹端的紋白蝶雌蝶，那就是拒絕交尾的姿勢。當雌蝶擺出這種姿勢，雄蝶便無法將交尾器插入雌蝶的生殖口，若雄蟲還不死心、苦纏不放，雌蝶會忽然起飛，以急旋飛或連續上升、下降的方式，逼使雄蝶放棄。但雌蝶並非都是那麼貞潔，也有禁不起誘惑的時候。

由於雄蝶交尾時把精包送進雌體內，一次交尾只送一個精包；因此若解剖雌蝶，計算貯精囊中的精包數，就能知道該雌蝶的交尾次數。大多數的紋白蝶，貯精囊中可發現二～四個精包，只有極少數雌蝶的貯精囊發現一個精包。雌蝶爲何要交尾多次？首先想到的原因是，交尾一次，得到的精子量不夠，但憑這個理由，不足以解釋雌蝶多次交尾的原因。因爲交尾次數、產卵數及壽命，三者之間並沒有明顯的關係；加上

昆蟲交尾的姿勢

（暗色代表雌蟲）

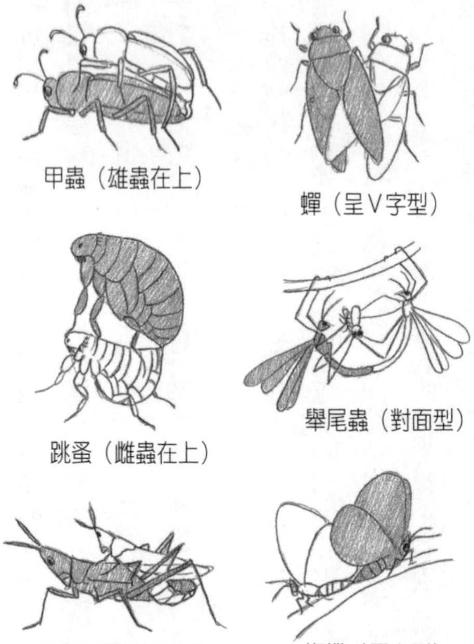

交尾一次的雌蝶，體內的精包，往往比多次交尾的雌蝶體內的精包小。如此看來，雌蝶進行多次交尾，除了獲得精子外，應該還有別的原因。

有些精包直徑達三公釐，相當於雄蝶體重的十分之一，其實若把精包視爲容納精子的容器，體積不需要那麼大。用手指輕輕觸摸剛交尾的紋白蝶雌蝶腹部，可以摸到一個硬硬的圓形物，那就是精包。以放射性同位素標識的氨基酸飼養雄蝶，然後檢驗與牠交尾的雌蝶，可在雌蝶卵巢內未受精且未成熟的卵中，發現大量的放射性同位素。由此推知，雌蟲利用的不只是精子，也能趁交尾時，從生殖口取得營養，供卵巢內的卵發育，這就是雌蝶交尾多次的主因。

雄蝶的精子比雌蝶的卵細胞小很多，如此，雄蝶爲了形成生殖細胞所消耗的能量，也比雌蝶少很多，何況雌蝶交尾後還得繼續產卵，因此在整個繁殖行為中，尋找交尾對象且具多次交尾意願的，多半是雄蝶。但雌蝶若把精包當做營養源時，情形可能就複雜了。就雄蝶的繁衍策略來說，為了留下更多後代，得和多隻雌蝶交尾，在一次交尾中即授與大型精包，會耗盡體力，並非上策。對於只送一個小型精包禮物的「小器」雄蝶，雌蝶可能與牠交尾後，又跑去和另一隻雄蝶交尾；當雌蝶交尾多次時，大多是後來交尾雄蝶的精子用在受精上。因此，送小型精包的雄蝶雖然能交尾，但牠的精子卻沒被利用在受精上，不能達到留下自己後代的目標。為了預防「自己的」雌蝶再跟別隻雄蝶交尾，甚至為了延後牠與別隻雄蝶交尾的時間，雄蝶還是製造大型的精包較為保險。

當然，有些雄蟲另有應變工夫。例如春鳳蝶（*Luehdorfia japonica*）交尾後，雄蝶會分泌一種黏液，塞進雌蝶的生殖口，當作「貞操帶」；黃果蠅雄蠅的精液中，甚至含有抑制雌蟲交尾意願的物質。

既然一次交尾要花那麼大的代價，雄蟲在選擇交尾對象時，就不得不慎重；其實雌蝶也一樣，不能悠閒地等著雄蝶來交尾。研究精包的營養授與效果後即知，雄蝶有選擇年輕且大型雌蝶交尾的傾向；從觀察中也發現到，年老的雌蝶有誘惑雄蝶前來交尾的現象。如此看來，蝴蝶的社會，也並非白白就可以撿到好處，想要留下更多後代，就得花上一番工夫。

雌蟲從多次交尾所得的營養，不但能促進卵細胞的發育，還能增加卵細胞的數量，直接提高後代隻數。此外，就雌雄雙方而言，多次交尾的目的不只是增加自己的後代，也在獲得後代的多樣性。以雌性來說，與多隻雄性的交尾，可以得到每隻雄性的遺傳基因，後代中也就有來自不同雄蟲的各種生物特性，能夠適應多種環境。另一個可能性是，雌蟲經過多次交尾，從多隻雄蟲得到不同精子後，讓這些精子在貯精囊中競爭，淘汰弱勢的精子，體內的成熟卵可和強勢的精子受精，在後代中就能留下更優良的遺傳基因。

雌蟲多次交尾的行爲，不只出現在一些蝴蝶、蟑螂、蝗蟲、蟋蟀身上，甚至在一些螞蟬類中也觀察得到。揭開雌性多次交尾在生物學上的意義後，再繼續觀察、分析，說不定還可以在過去被認爲單次交尾性的雌蟲身上，發現多次交尾性呢！

蜻蜓的精子競爭

在〈領主與游俠——蜻蜓的求偶策略〉單元（見44頁）中，我曾以日本產霜粉色蟌爲例，大略介紹擁有自己地盤的優勢型、遊擊型及流浪型三種雄蟲的交尾方式。這些交尾方式都起於牠們的精子競爭，由於這是近年來探討動物繁殖策略的熱門話題，在此更爲詳細地介紹這三型雄蟲交尾時的行爲，以探討牠們如何利用這些行爲，適應

蜻蜓拒絕交尾時採取的動作

將腹端向上翹起，忽然往上飛。
展開腳，讓腹部彎成弓狀
將腹端向上彎曲
將腹端向下彎曲

環境的變化。

霜粉色蟌在交尾行爲上，最明顯的差異是交尾時間不同。根據多隻雄蟲的觀察，交尾時間最長的是流浪型，最長可達三百秒，平均爲一百三十七秒；遊擊型最短，介於四十～六十秒，平均爲五十五秒；擁有領域的優勢型平均爲八十秒。爲何有這樣的現象？分析原因之前，先介紹英籍生態學家帕克（G. A. Parker）所提的相關學說。

帕克以綠蠅（*Lucilia sp.*）爲調查對象，以一塊糞堆作爲雄蠅的領域，引誘雌蠅來此產卵。結果發現，當多隻雌蠅在其領域附近活動時，雄蠅縮短與每隻雌蠅交尾的時間，以便與多隻雌蠅交尾；但當只有少數雌蠅時，雄蠅就延長與一隻雌蠅交尾的時間。帕克從這裡導出雄蠅在不同雌蠅隻數下，可得最大後代數的最佳策略模式。但雄蠅如何知道附近有多少雌蠅？還有，當牠與一隻雌蠅交尾時，會考慮到其他雌蠅的存在嗎？帕克並未在報告中做進一步解釋。

話題回到霜粉色蟌的雄蟲。牠的交尾行爲可以分成以下三個階段：第一階段，雄蟲將位在腹部第二至三節的陰莖插入雌蟲的生殖口後，大約以一次一秒的速度緩慢地上下，如活塞般地運動；第二階段爲靜止時期；第三階段，雄蟲再度展開活塞式運動，但這次的運動比第一階段明顯地快速。

當處在第一階段的雌、雄蟲，經過一定次數的活塞式運動後，強迫牠們中斷交尾，解剖雌蟲調查牠體內的精蟲數，可知當活塞式運動次數增加，雌蟲體內的精蟲數便減少。換句話說，雄蟲利用這個階段的運動，舀取雌蟲體內別隻雄蟲留下的精子。在第三階段，也用上面的方法調查雌蟲體內的精子量，結果顯示活塞式運動次數增加，體內的精子量也跟著增加，也就是說這時才是雄蟲送進精子的階段。而且，交尾時間愈長，雄蟲愈能夠徹底除去原有的精子，且送進更多自己的精子；相反地，短暫的交尾時間，只能得到較低的精子置換率。

從前面所提的遊擊型、優勢型及流浪型雄蟲的平均交尾時間來推算，牠們的精子置換率各約爲百分之六十五、百分之七十、百分之九十。但當兩隻雄蟲分別與第一隻雌蟲交尾時，牠們的精子眞正用到受精的量有多少？進行這項試驗時，要利用不妊性雄蟲，因爲經過放射線照射的雄蟲雖仍具交尾能力，但精子已失去受精功能，與它結合的卵細胞將成爲不受精卵，不會孵化。先讓不妊性雄蟲交尾，然後讓正常雄蟲交尾或對調順序交尾，再來調查該隻雌蟲所產的卵的孵化率，由此推算該雄蟲精子的被利用率。

採集優勢型雄蟲，以放射線處理後，馬上放回原地；以尼龍絲綁好雌蟲的胸部，讓牠飛翔，並與不妊性雄蟲及正常雄蟲交尾。此後調查雌蟲產卵的孵化率，結果發現精子被利用率與置換率（即交尾時間）完全無關，後來交尾的雄蟲的精子，被利用率高達百分之百，也就是說，後來交尾雄蟲的精子，才被利用於受精。

由於霜粉色蟌雌蟲大致有四天產卵一次的週期，將上次試驗用的雌蟲飼養在試驗室，三、四天後，再次讓牠產卵，此時第二批卵的精子置換率與被利用率竟然有關係，那麼這三、四天，雌蟲的貯精囊內到底發生了什麼變化？原來後來交尾的雄蟲的精子，將貯精囊內原有的精子擠到最裡面，自己佔了出入口，以利於與卵細胞受精；因此，後來交尾者的精子被利用率高達百分之百。但三、四天後，新舊精子在貯精囊中慢慢混合，新舊的比例決定了卵細胞的受精率。如此看來，帕克的模式只考慮雌蟲的隻數，未考慮精子的混合速度，因此不適合用來分析霜粉色蟌的繁殖策略。

那麼爲何優勢型、遊擊型、流浪型雄蟲的交尾時間有如此差異？由於和優勢型、遊擊型雄蟲交尾的雌蟲不久就可產卵，但和流浪型交尾的雌蟲卻不會馬上產卵，因此出現在雄蟲領域內或樹林裡的雌蟲，對雄蟲而言，有完全不同的意義。雌蟲為了交尾、產卵而飛入雄蟲的領域，自有牠的道理。出現於樹林的雌蟲已經產完卵，飛來樹林只是為了補充營養，換句話說，即使再和雄蟲交尾，暫時也不會產卵，最快翌日、甚至數天後才產卵。至於在產卵場所附近徘徊的雌蟲，雄蟲會迅速和牠交尾，希望讓牠在精子混合前就產卵。

雌蟲進入產卵期後飛到產卵場所，也就是另一隻雄蟲的領域，想要避開優勢型或遊擊型雄蟲較難，因此先前在樹林交尾時所得精子的被利用率並不高。況且優勢型雄蟲交尾前，會先徹底挖出貯精囊中前夫的精子，讓貯精囊盡量淨空，以便送進更多自己的精子。於是流浪型雄蟲只好採取以量取勝的策略，多送進精子來碰碰運氣。

更具體地說，雌蟲飛進產卵場所產卵前，常被優勢型或遊擊型雄蟲發現而再交尾，流浪型雄蟲的精子百分之七十因而被挖走，被利用率幾乎降到零。但留下的百分之三十的精子，在雌蟲下一次產卵和交尾時，仍有可能被利用。因此，流浪型的雄蟲寧願心存僥倖，花兩分鐘左右的時間和雌蟲交尾，先徹底清除別隻蟲的精子，再送進大量自己的精子。至於遊擊型雄蟲的立場則與流浪型迥異，因為牠屬偷情、交尾時間不能長，更重要的是，和牠交尾的多是馬上就要產卵的雌蟲，在精子混合之前，雌蟲用到牠精子的機率幾乎高達百分之百，哪需要再花時間清除別人的精子呢！

綠樹蟋劇除異己，無所不用其極

前一單元介紹的色蟌，是在一九七九年所發現的有關精子競爭的首例，十年後，在屬於直翅目昆蟲的綠樹蟋（*Calyptotrypus hibinonis*）身上也發現了類似的現象。綠樹蟋是一八九六年間自中國大陸入侵日本的外來昆蟲，之後迅速擴大在日本的分布範圍，成為都市及近郊常見的昆蟲，台灣雖然沒有正式的發現記錄，但從牠獨特的高音鳴叫聲推測，在台北市區及郊區棲息的可能性甚高。現在來看看牠精子競爭的情形。

綠樹蟋與許多蟋蟀一樣，是夜行性昆蟲，雄蟲夜間鳴叫，引誘雌蟲，雌蟲靠近後，雄蟲會豎起翅膀，迴轉身體，背部向著雌蟲，原來雄蟲背部具備了一種分泌腺，叫多醇腺，能分泌一種可供雌蟲舔食的物質。雌蟲舔食時，雌、雄蟲的交尾器，恰好就在可以結合的位置，雙方就因而順勢交尾。交尾前，雄蟲提供食物的現象，除了綠樹蟋及部分蟋蟀科昆蟲外，在蟑螂身上也觀察得到。經過二、三分鐘的交尾後，雌蟲會拖著雄蟲走，或以後腳踢開雄蟲，結束交尾。

交尾後，多種昆蟲的雄蟲會離開雌蟲，暫時休息，或去尋找另一隻雌蟲交尾，但綠樹蟋雄蟲離開雌蟲後，不久會把腹部向內彎曲，以口器舔食腹端，好像在取食東西。雄蟲到底在吃什麼？解剖該隻雄蟲的前腸（相當於人的胃），原來前腸裡面，滿是大量的精子。顯然地，雄蟲所取食的是精子。以顯微鏡觀察後知道，剛交尾完的雄蟲交尾器上黏著許多精子，但爲何腹端也會有大量的精子？這些到底是誰的精子？

先解決第二個問題。若讓未曾交尾過的處女雌蟲與雄蟲交尾，事後雄蟲的交尾器上並無任何精子。由此推斷，雄蟲由腹端取食的不是自己的精子，而是雌蟲前夫的精子。爲了證實這一點，麻醉一隻雄蟲，在細玻璃管中盛裝紅色染料的生理食鹽水，從雄蟲的生殖口注入交尾器中，製造出被染紅的精子，讓雄蟲與正常的雌蟲交尾，結果交尾後雄蟲的交尾器上，並沒有任何紅色精子。讓與紅色精子雄蟲交尾過的雌蟲跟另一隻正常雄蟲交尾，再檢查這隻正常雄蟲的交尾器，果然在正常雄蟲的交尾器上，發現大量的紅色精子。可見，後來交尾的雄蟲取食的是雌蟲前夫的精子。

至於第一個問題，可以從解剖雌、雄蟲生殖器的內部構造，及調查交尾時雌雄生殖器的位置得到答案。由於交尾時，雄蟲交尾器從雌蟲生殖器的腹面插進去，交尾器的末端達到雌蟲貯精囊深部，當雄蟲用力射精時，充滿在貯精囊中的前夫精子便會滿溢出來，黏到雄蟲的交尾器中段，因此交尾完畢，雄蟲拔出交尾器時，上面自然黏到前夫的精子。

從連串試驗得知，貯精囊中，前夫百分之九十的精子都是這樣被擠出來，而黏在後來雄蟲的交尾器上。換句話說，百分之九十的精子被後來者取代，加上貯精囊中殘留的精子，可能被擠到貯精囊深部或側面，前夫精子的被利用率可能低於百分之十。

由於綠樹蟋尚未被確認是否分布於台灣，而且以夜行性昆蟲當研究精子競爭的試驗材料，實際上有點困難，因此台灣常見、為害桑樹等多種樹木的黃星天牛（*Psacothea hilaris*），便成為極佳的試驗材料，不過黃星天牛的交尾過程及精子競爭機制，與霜粉色蟋、綠樹蟋又有些不同。

黃星天牛雄蟲遇到雌蟲時，會進行多次交尾，但前段與後段的交尾形式完全不同。前段不到十分鐘，約有十次頻繁而短暫的插入行為；後段的交尾時間則很長，可持續六至七個小時。利用處女雌蟲，在各個時段打斷交尾行為，並解剖雌蟲的貯精囊，得知只做前段交尾的雌蟲，貯精囊內沒有精子，經過後段長時間交尾的才有精子。無論是前段或後段的交尾期，雄蟲交尾器上都可發現未含精子的少量黏液；但當雄蟲與曾經交尾過的雌蟲交尾時，情形就不一樣了，在前段交尾期，拔出的交尾器上，附著大量的黏液和精子。綜合以上的情形可知，雄蟲交尾器上的大量精子，來自前夫。

利用掃描型電子顯微鏡，觀察交尾時雄蟲交尾器在雌蟲體內的情形，可知無論前段或後段，雄蟲交尾器的末端都完全插入貯精囊，同時也發現雄蟲交尾器末端部的構造相當複雜。其中引人注意的是，在最末端的三角形大型突起下面，具有與末端逆向的長約30μ的銳毛，以及近基部有一對圓狀突起。詳細檢查前段交尾時拔出來的雄性交尾器，可以在三角形突起的背面及鄰接的銳毛部，發現不少精子。從此即知，雄蟲在前段短暫的交尾中，把交尾器插入貯精囊後，先以基部的圓狀突起對貯精囊施以壓力，再以三角形突起及銳毛挖出既有的精子，丟到外面，才送進自己的精子。

利用一群處女雌蟲，讓牠們先與雄蟲交尾，再讓其中的一半雌蟲和別隻雄蟲進行前段交尾，最後比較這兩組雌蟲貯精囊中的精子數，結果發現，大約百分之九十八的精子在前段交尾中被清出來。從這裡可以看出，黃星天牛前段的清除「異己」，效果是如何地徹底。但雄蟲這樣做對雌蟲又有什麼好處呢？原來黃星天牛雌蟲屬於分批少產性昆蟲，一天只能產約十粒成熟卵，經過如此的多次交尾，每次都可產下源自不同雄蟲的卵，讓後代保持多樣性。

看來，無論雄蟲或雌蟲，為了留下更多更好的後代，大家都用心良苦，付出不少代價。

變男變女變變變

記得約三十年前，有部轟動全台的電影「梁山伯與祝英台」，由凌波、樂蒂主演。這部電影之所以大受歡迎，原因之一無疑的是女扮男裝的效果。女扮男裝也好，男扮女裝也罷，如泰國的人妖秀，往往可以收到意想不到的效果。

化學生態學及動物行為學是目前生物學中極熱門的課題，從這兩個領域的研究中，可以發現某些動物採用性偽裝（sexual camouflage），也就是男扮女裝或女扮男裝的策略，提高適應度以求生存。

一般人通常認爲分泌性費洛蒙引誘雄蟲的都是雌蟲，其實也有一些昆蟲是雄蟲釋放性費洛蒙來引誘雌蟲，例如瓜實蠅（*Bactrocera cucurbitae*）。只不過雄蟲所分泌的誘引力，不如雌蟲強，至少在誘引效果上不太受人注目。從近年來的相關研究得知，大多數昆蟲的雄蟲也會分泌性費洛蒙，主要功能只是要使雌蟲知道自己爲同種，好接受自己的求愛。雄蟲性費洛蒙的另一種功能是，避免雄蟲間的同性交尾。也就是說，兩雄遭遇時，從性費洛蒙的味道，能立刻知道對方和自己同種，但不同性；如果沒有這種化學資訊的傳達，雄蟲們勢必因爲進一步的求偶行爲，而浪費不少的體力與時間。

雄性性費洛蒙因爲具有辨識性別的功能，對於已交尾的雌蟲也大有用處。有些已交尾的雌蟲，爲逃避其他雄蟲的騷擾，會分泌雄性性費洛蒙，企圖女扮男裝，以便擁有較充裕的採食時間，來促進卵的發育，並提高本身的適應度。黃果蠅（*Drosophila melanogaster*）就有這種女扮男裝的行爲。

昆蟲中也有採用男扮女裝策略的種類，例如一種粗角隱翅蟲*Aleochara curtula*的性成熟雄蟲，爲了搶得食物及交尾對象，常有激烈的種內競爭。這種競爭在年輕力壯的若齡成蟲尤爲激烈；已交尾數次、必須補充營養的老齡成蟲，爲了躲開這種「同性競爭」，竟合成並分泌雌性性費洛蒙，使得攻擊性甚強的年輕雄蟲不疑有他，讓「僞雌蟲」一起取食，甚至偶爾也對僞雌蟲求愛。不過，由於粗角隱翅蟲的雌蟲間也有互相排斥的吃醋行爲，女扮男裝的雄蟲仍然無可避免地被捲入雌蟲的同性競爭。

變性或僞裝行爲並非昆蟲的專利。雖然大多數動物的雄性，大型比小型更具競爭力，可以獲得良好的繁殖場所，能佔有較多雌性且適應力強；但小型雄性只要調整繁殖策略，也能獲得某種程度的適應，其中「僞裝成雌性」就是不錯的策略。

魚類進行體外受精，大型雄魚以其繁殖場所爲中心，形成領域，並趕走其他雄魚；爲了讓雌魚在此產卵，牠會反覆對雌魚做出求愛的行爲。於是有些小型雄魚就僞裝成雌魚，混入大型雄魚的領域。當眞正的雌魚前來產卵時，小型雄魚趕在雄魚未射精前，衝進雌魚剛產的卵間射出精液，使卵受精。

關於僞裝雌性的行爲，目前已有不少記錄，例如，分布於北美淡水的藍鰓魚（*Lepomis macrochirus*）雄魚。雄魚在領域中先挖個淺穴，讓雌魚來此產卵，雄魚保護卵直到孵化爲止，其間並以胸鰭送水，供給卵發育所需的氧氣。通常能夠擁有領域的雄魚，體長約爲十七公分，年齡在七歲以上；不能形成領域的雄魚，多爲體長不及十公分、年齡四至六歲的較年輕者。由於這種小型雄魚的體色接近雌魚，因此常成爲有領域雄魚的示愛對象，甚至被引到巢中產卵。此時，小型雄魚只好做出產卵的樣子，當眞的雌魚來產卵時，牠就立刻插隊，射出精子。產完卵後，雌魚與假雌魚紛紛離開，由大型雄魚留下來照顧所有的卵。

雖然，成功地混淆視聽的假雌魚，似乎佔足了便宜，但牠們的生命卻很短暫，可以說在未長成前即告死亡。反觀有領域的雄魚，擁有領域前的七、八年完全專心採食，長到一定體長後才建立領域，開始繁殖。相關研究更顯示，這兩種雄魚在生活型態上已經具有了遺傳性。更有意思的是，這兩種雄魚的繁殖成功率也大致相同，因此，這兩種生活方式被認爲是已具進化穩定性的並行策略。

在一種蠑螈中，也可發現類似的僞雌性策略。雌蠑螈接受雄蠑螈求偶後，會跟在雄蠑螈後方步行，隨後雄性在地上排出一個精包，雌性立即拾起，收容於排泄孔內進行受精。這樣的過程，讓假雌性有了可乘之機，當雌性尾隨求愛的雄蠑螈行走時，半途突然殺出另一隻雄性，插隊到原雄性與雌性之間，以前半身模仿雌性的步法，瞞騙走在前面的雄性，後半身仍做雄性的動作，吸引雌性繼續跟著走；當原雄性放下精包，僞雌的雄性也隨即丟下精包。因此，雌性撿到的其實是僞裝者的精包，原雄性的精包反而成了僞裝者的佳餚。

雄性僞裝雌性的行爲，也見於肉食性昆蟲——黑尾擬大蚊（*Hylobittacus apicalis*）。雄蚊先捕捉小型昆蟲求偶餌贈送給雌蚊，做爲求歡時的禮物，再趁雌蚊取食時交尾。由於捕捉獵物耗力又費時，必須作長距離的飛翔，還得冒著被蜘蛛網黏上的危險，於是部分雄蚊會接近已備妥禮物的雄蚊，佯裝雌蚊騙取禮物後飛走。

看來，昆蟲世界裡，不乏橫刀奪愛的第三者，而且牠們還眞是有兩把刷子呢！

陰陽蠶蛾的求偶錯亂

既然談到女扮男裝、男扮女裝，順便談談雌雄同體，更精確地說，就是陰陽型或雌雄型的昆蟲。

在蝴蝶、鍬形蟲、金龜子、黃果蠅、蟋蟀等昆蟲中，可以發現不少陰陽畸型，有些只是身體中一小部分呈顯不同性別特徵，但較常見的是左右一半各具雌性與雄性特徵。尤其是蝴蝶，雄蝶與雌蝶的翅膀通常具有不同的花紋，陰陽蝶則是左右翅膀各呈雌蝶或雄蝶的花紋。由於這種陰陽蝶相當罕見，常被高價交易，因此也引來不肖標本商，投機取巧地用刀片及漿糊製造陰陽蝶而販售圖利。

目前除了蝶類，在家蠶蛾及一些小繭蜂、蟑螂、黃果蠅也能發現陰陽型。陰陽型昆蟲的出現頻率，依種類不同而有很大的差異。黃果蠅大致為二千隻中出現一隻；蝶、蛾等鱗翅目昆蟲出現頻率較高，尤其是家蠶，陰陽型突變品系的出現頻率，達百分之十至百分之五十。

家蠶受精時，有一~十七個精子進入一個卵細胞中；而包括人類在內的哺乳類動物，一個精子進入卵細胞後，會立刻形成防禦膜，不讓其他精子進入，如果同時有兩個或三個精子進入而受精，即形成一卵性雙胞胎或三胞胎。由於家蠶常是多個具有決定性的精子，同時受精於一個卵細胞，因此容易產生間嵌紋性的陰陽家蠶，也就是身

陰陽蝶：幻紫斑蛺蝶（Hypolimnas bolina）

體有些部分爲雄性而其他部分爲雌性。此外，從實驗得知，用放射線照射，或以攝氏四十度的高溫，或低溫處理蠶卵時，也容易得到陰陽蟲。陰陽蟲常被使用作各種實驗的供試昆蟲，雖然很倒霉，但對動物胚胎發育學的研究很有貢獻，如果應用新的遺傳工程技術，或可提高牠的出現率，進而瞭解胚胎發育的詳細過程。

那麼陰陽型昆蟲到底具有什麼特性？以經過低溫處理製造的家蠶蛾（蠶寶寶的成蟲）爲例，牠的腹端具有和正常雄蛾相同的交尾器，體內還具備雌蛾特有的性費洛蒙分泌腺和產卵管，若是利用遺傳基因標識法追蹤，還可以知道牠身體內，哪個部分來自父親、或是來自母親。不過，最令人感興趣的還是牠的尋偶行爲。

正常的家蠶蛾雌蛾羽化不久，腹端突出一對性費洛蒙分泌腺。當雄蛾的觸角感覺到雌蛾的性費洛蒙後，便開始猛拍翅膀，爬來爬去尋找雌蛾，有人把這種行爲稱作「尋偶舞」。雄蛾跳尋偶舞時，雌蛾幾乎都停在原處，舉起腹端微搖著等候雄蛾。這是雌、雄蛾在尋偶行爲上的明顯差異。

相較之下，陰陽型家蠶蛾的尋偶行爲就顯得多采多姿。在一次試驗中，觀察到一隻陰陽型家蠶蛾和正常雌蛾一樣，舉起腹端分泌性費洛蒙，但當一隻正常雌蛾接近牠時，因受到正常雌蛾性費洛蒙的刺激，牠開始猛拍翅膀，跳起尋偶舞。此後就更多隻陰陽型家蠶蛾觀察，發現牠們的行爲可以分爲以下四個類型：

一、**雙重性別型**：即前面提到的，可表現雌、雄兩種行爲，不過以雌蛾引誘雄蛾居多。此型若遇到雌蛾，會跳尋偶舞，但也能如雌蛾般產卵；遇到雄蛾時，即舉起翅膀，向雄蛾表示願意接受交尾的行爲。

二、**綜合失調型（精神分裂型）**：屬於該型的陰陽蛾同時表現雌、雄兩性的行爲。例如當一隻陰陽蛾舉起腹端引誘雄蛾時，從牠後方送進微風，讓牠的觸角聞到自己性費洛蒙的氣味，此時牠會舉起腹端分泌性費洛蒙，跳尋偶舞。換句話說，牠的身體後半部扮演雌性，前半部扮演雄性。

三、**雌雄中間型**：交尾時，雄蛾通常會將腹部向左或向右彎曲，讓它接觸雌蛾的腹端；雌蛾爲了接受交尾，則會將腹端往下彎曲。但中間型是一副又像雌蛾又像雄蛾的姿態，把腹端向斜下方彎曲。

四、**性別突變型**：這是指在尋偶時忽然改變性別者，例如以尋偶舞接近正常雌蛾的陰陽蛾，接觸雌蛾後，忽然又變回雌蛾，表現雌性行爲。

這些陰陽蛾的神經機制到底是如何構成的？哪些部分是由雄性基因構成？哪些部分來自雌性基因？都是讓人極感興趣的問題，可惜目前我們不但完全不了解其中的機制，也還沒想出該用何者途徑探討。

雖然已知黃果蠅以一些藥劑處理，可以製造陰陽型，但目前只在家蠶蛾有比較詳細觀察記錄，所以，在養蠶業已淪爲夕陽產業的今日，蠶寶寶仍是探討動物身體機制的重要試驗材料。

昆蟲界的女兒國

動物經過雌雄間的尋偶、交尾而繁殖，叫做兩性生殖或有性生殖。但少數昆蟲像原始型動物一樣，不跟雄性交尾，而以單性生殖的方式繁殖。例如竹節蟲類的瘤竹節蟲（*Damames* spp.）、在台灣屬於最大型的津田氏大頭竹節蟲（*Megacrania tsudai*），至今仍未發現牠們的雄蟲，雌蟲不經過交尾就產卵，而且所產的卵照樣孵化，並發育到成蟲，之後仍然無須交尾便能產卵繁殖。多種蚜蟲，尤其分布在溫帶地域的族群，只在秋天出現雄蟲，與雌蟲交尾，並以兩性生殖的型態越冬，但在其他季節則看不到雄蟲，雌蟲以單性生殖而有名。其他如寄生蜂、經營社會性生活的蜂、螞蟻之類的孤雌生殖，更是單性生殖的典型例子，本書將另闢單元介紹。

水稻水象鼻蟲（*Lissorhoptrus oryzophilus*）原產於美國南部，以兩性生殖繁衍後代，但另有一些不必與雄蟲交尾而留下後代的單性生殖族群。該族群的雌蟲在一九五九年越過洛磯山脈入侵加州，爲害當地水稻。此後，此族群的雌蟲，於一九九〇年間經日本入侵台灣，在北部水稻田引起嚴重災害，並以單性生殖繁衍後代。另一種入侵台灣、釀成災害的蔬菜象鼻蟲（*Listroderes costirostris*），也以單性生殖而有名。象鼻蟲類，即象鼻蟲科（Cucurlionidae），包括約六萬種，是昆蟲綱中種類最多的一科，但目前所知以單性生殖的象鼻蟲僅有五、六十種，可見行單性生殖的象鼻蟲，還是屬於少數派。

由於缺乏雄蟲，這些昆蟲的生活史，一般都比其他昆蟲單純，不過，也有複雜而怪異的種類，矮長扁蟲（*Micromalthus debilis*）就是其中之一。該蟲在台灣雖未見分布記錄，但南美洲、北美洲、日本、香港都已有記錄，因此在台灣棲息的可能性相當大，在此略爲介紹牠的生活史。

矮長扁蟲原產於北美，是在闊葉、針葉樹等多種樹木的朽木中穿孔棲身的昆蟲，在原產地雖有少數雄蟲，但和水稻水象鼻蟲一樣，在日本只見雌蟲。雌蟲在朽木中生活並產卵，孵化的一齡幼蟲體長約一公釐，具有六隻腳，每隻腳末端都有一對爪，故有「雙爪幼蟲」的別名，牠們以後都發育成雌蟲。蛻皮進入二齡期的幼蟲，完全改變了形態，失去六隻腳，而成爲「吉丁蟲型幼蟲」。更奇特的是，吉丁蟲型幼蟲在體長約四．五公釐時，開始走上兩種不同的發育過程。大多數的幼蟲蛻皮後，身體肥胖並保持幼蟲的體型，開始胎生「雙爪幼蟲」，也就是說，牠的繁殖不但不需要雄蟲，也不必等到成蟲期才開始生產後代。另外，少數則需經過蛹期，羽化爲雌性成蟲。成蟲體長僅二公釐，體表具黑色光澤，離開朽木後，牠們仍會舉起腹端、搏動後翅，分泌性費洛蒙來引誘雄蟲，然而入侵地沒有雄蟲，這種努力根本是枉然的。

矮長扁蟲

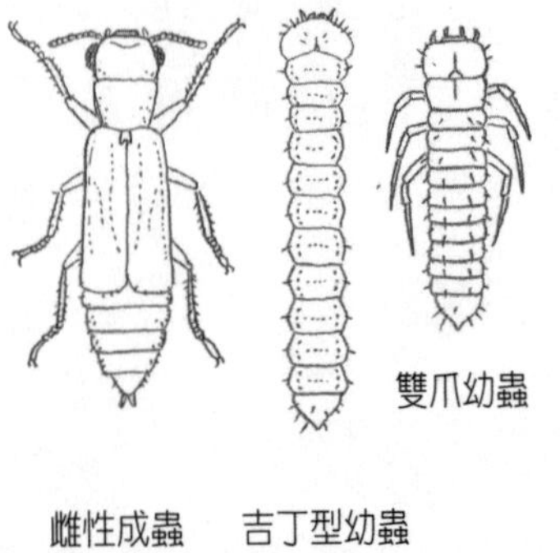

雌性成蟲　　吉丁型幼蟲

至於在原產地北美，還出現有以幼體生殖產下雄蟲卵的少數雌蟲，這種卵孵化的幼蟲是體胖腳短的「象鼻蟲型幼蟲」。牠們在母體旁度過四、五天後，把頭穿過母體生殖口，食盡母體而發育。這些幼蟲化蛹後都變成雄性成蟲，並與少數派的雌蟲交尾，此時雌蟲所分泌的性費洛蒙就可充分發揮作用。在入侵地的日本、香港，以幼體繁殖的雌蟲（主流派）與少數派的雌性成蟲，都以未曾交尾的處女狀態完成生活史，在潮濕的朽木中，建立起「女人國」。

仔細想想，單性生殖的昆蟲的確也有好處。由於雌蟲就可留下後代的特性，讓牠們入侵新天地時不需要雄蟲；而以兩性生殖繁殖的種類，在入侵初期，雌、雄蟲相遇的機會相當渺小，得以繁衍的機會也隨之渺茫。除了水稻水象鼻蟲、蔬菜象鼻蟲等入侵害蟲外，在未具明顯爲害性的外來種中，也可發現不少以單性生殖繁殖的昆蟲。

但單性生殖性昆蟲也有弱點。由於遺傳基因組成過於單純，母蟲產下的後代，不但外部形態、體色酷似母蟲，其他生物特性也類似母蟲，缺乏變異性，遇到不利存活的自然條件時，容易全軍覆沒。然而，事實又沒那麼簡單，觀察單性生殖性害蟲在入侵地的發展即知，牠們入侵後依然發展出一些抗藥性品系，以及適應各種地理條件、甚至適應一些抗蟲性作物品種的新品系，可說是「道高一尺，魔高一丈」。看來，這類昆蟲雖行單性生殖，但母體產生突變的機率，可能比行兩性生殖的種類還要高。

【第五篇】

產卵的藝術

受精後的卵在體內成熟後從雌蟲肚子排出來，這種現象叫做產卵，因此這階段的主角非雌蟲莫屬。雌蟲以產下愈多的卵為第一任務，但一些種類的雌蟲還考慮到後代雌性和雄性的數目及比率，使用一些技巧來調整後代的性比，以保障自己子孫的繁衍。至於雄蟲，不少種類的雄蟲交尾後便離開，再去尋找另一隻雌蟲交尾。

老謀深算的蜻蜓產卵策略

前面曾以色蟌為例，談過蜻蜓的尋偶、交尾情形，那交尾以後的重頭戲——產卵又如何？在此以所謂的紅蜻蜓（*Sympetrum* spp.）為例，略作介紹。

雖然台灣已知有五種紅蜻蜓，可惜有關牠們產卵的調查報告不多，在此只好參考日本的調查資料。先來談紅蜻蜓產卵時的姿勢。日本已知的二十種紅蜻蜓中，除矮孔凱蜻蜓（*S. parvulum*）產卵時雄蟲放開雌蟲，讓雌蟲單獨產卵，自己則在雌蟲上空巡迴，防範別隻雄蟲干擾外，其他十九種都以雌雄連結的姿勢產卵。至於雌蟲產卵時的姿勢，又可分為三種：「空中撒卵」、輕打水面般的「點水產卵」、及在淺水處擦泥土的「擦泥產卵」。

就分布於日本的紅蜻蜓而言，仲夏紅蜻蜓（*S. darwinianum*）、大赤衣蜻蜓（*S. infuscatu*）、李氏紅蜻蜓（*S. risi*）等為空中撒卵式，深山紅蜻蜓（*S. pedemontanum*）、秋夏紅蜻蜓（*S. frequens*）、矮孔凱蜻蜓、焰紅蜻蜓（*S. eroticum*）、孔凱蜻蜓（*S. kunckeli*）等為點水型或擦泥型，尤其產卵後的矮孔凱蜻蜓、焰紅蜻蜓雌蟲腹端還沾著泥巴。

紅蜻蜓的卵大致可分為球形和檸檬形兩種。空中撒卵型的多產球形卵；點水型、擦土型多產檸檬形的卵。例如李氏紅蜻蜓、仲夏紅蜻蜓，依空中撒卵方式產下的卵呈球形，表面硬而光滑，卵掉到地面時還會滾動。大赤衣蜻蜓也是空中撒卵型，球型的卵撒在水生植物的草叢間，在莖、葉上邊彈邊滾，最後滾到水中或潮濕的泥土上。秋夏紅蜻蜓、矮孔凱蜻蜓的卵則呈檸檬形，母蜻蜓把腹端插入水中，卵露出後在水中分泌膠質，被蓋卵的表面，這種卵接觸到水面才離開母蟲的腹端。

一般來說，大型昆蟲有產大型卵的趨勢，但紅蜻蜓似乎是個異類。例如，紅蜻蜓中屬於最小型種的矮孔凱蜻蜓，牠的卵竟比最大型種秋夏紅蜻蜓的卵還要大，這種現象與紅蜻蜓的產卵數、卵的存活策略，有密切關係。其實要正確測定紅蜻蜓的產卵數是件困難的工作。雖然解剖已成熟的雌蟲時，腹部可發現數百粒的卵，但這不能代表牠一生的總產卵數。在日本，紅蜻蜓類的產卵期大約集中在九月中旬至十一月之間，這段期間雌蟲腹部塡滿成熟的卵，可說處在隨時可產卵的狀態。以「腹部體積／卵的體積」的數值爲產卵數，比較不同種類的產卵數，結果發現秋夏紅蜻蜓的產卵數約爲矮孔凱蜻蜓的二．八倍，其實秋夏紅蜻蜓的腹部比矮孔凱蜻蜓更呈粗胖狀，產卵數應達三倍以上。

蜻蜓必須在有水的地方，或者至少在潮濕的環境產卵。由於陸地出現的水域依水流、水質、水深、水生植物之不同，而呈現各式各樣的面貌，因此蜻蜓發展出對不同環境的偏好性，既有適應多種環境的種類，也有只喜歡特定場所的狹環境型。像產卵數較多的秋夏紅蜻蜓是出現在多種水域的蜻蜓，矮孔凱蜻蜓則多出現於濕地，屬於狹環境型，且產卵數較少。

那麼產卵場所的穩定性與產卵數之間有何種關係？稻田是多種蜻蜓產卵的場所，但水稻收割後就變成旱地；路旁雨後出現的小水漥，過幾天也會乾枯；這些都是穩定性欠佳的環境。相較之下，池塘、濕地的穩定性就比較高。矮孔凱蜻蜓將活動範圍限定在穩定性較高的環境，在這裡產下較少的卵；而秋夏紅蜻蜓的活動範圍涵括多種環境，包括穩定性欠佳的場所，於是採用多產策略，對抗環境的變化。

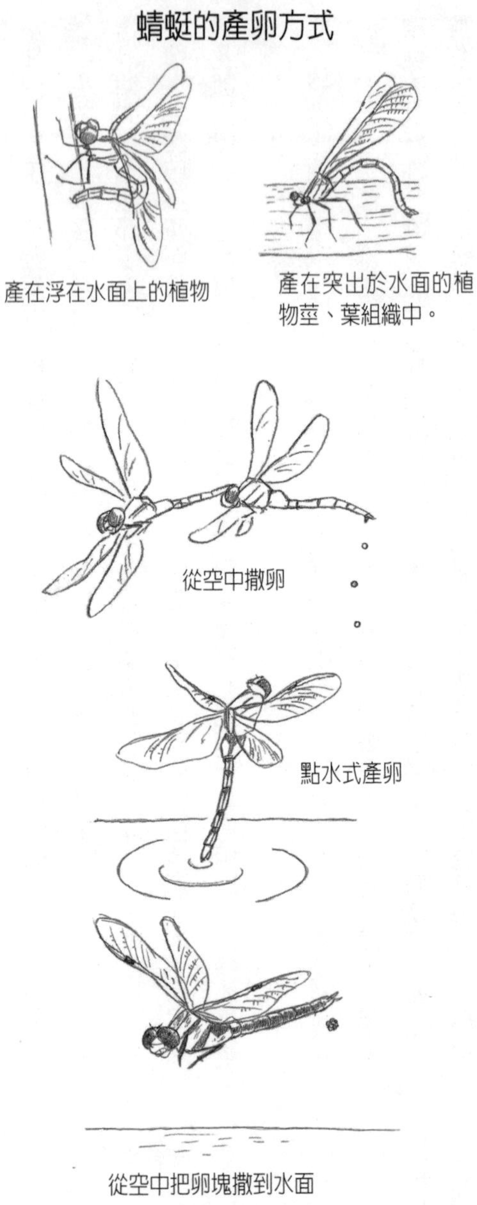

蜻蜓的產卵方式
產在浮在水面上的植物
產在突出於水面的植物莖、葉組織中。
從空中撒卵
點水式產卵
從空中把卵塊撒到水面

不過，赤衣蜻蜓（*S. baccka*）、黃翅紅蜻蜓（*S. croceolu*）雖是多產性，卻只活動於穩定性較高的水域，看來不符合上述原則。原來牠們產卵的深水池塘，也是晏蜓等多種大型蜻蜓的產卵場所，由於這些大型種類會捕食紅蜻蜓的卵及孵化的水蠆，只好以數量來彌補被捕食的消耗量了。

以上是紅蜻蜓大致的產卵策略。其實產卵以前的尋偶、交尾行爲，與產卵策略的形成也有密切的關係。通常蜻蜓羽化後，會暫時離開羽化的場所捕食昆蟲，至成熟期，爲了尋偶、交尾、產卵，又回到有水的地方，但遷移的距離依種類而異。例如羽化後的仲夏紅蜻蜓、秋夏紅蜻蜓常遷移到十公里外的山上，捕食後又分散到各地，一天可能遷移數公里，如此逐步擴大分布範圍。大赤衣蜻蜓、李氏紅蜻蜓、赤衣蜻蜓、黃基蜻蜓（*S. speciosum*）、黃翅紅蜻蜓的遷移距離也相當長，在牠們羽化處數公里外的山林裡，還能看到一些未達產卵期的年輕成蟲。遷移性最小的是矮孔凱蜻蜓、孔凱蜻蜓、焰紅蜻蜓、深山紅蜻蜓之類，遷移距離都在數百公尺。

由於大多數的紅蜻蜓以雌雄連結的姿勢產卵，因此雌、雄蟲的相遇，成爲進入產卵過程的重要關鍵，尤其是秋夏紅蜻蜓，雌雄先連結後才開始遷移。至於遷移性比較差的矮孔凱蜻蜓、孔凱蜻蜓，成熟的雄蟲先在產卵場所附近形成領域，再恭候雌蟲。

矮孔凱蜻蜓則因爲能夠利用的水域很有限，爲了有效利用，不得不分散成蟲的成熟期及產卵期。至於遷移性大且可在多種水域產卵的種類，成熟期相當一致，如此提高雌、雄蟲相遇的機會。從野外紅蜻蜓的羽化期調查可知，仲夏紅蜻蜓、秋夏紅蜻蜓的羽化期集中在六月間，焰紅蜻蜓、矮孔凱蜻蜓、深山紅蜻蜓的羽化期則大都從七月初到九月中、下旬，因此在一個水域同時看到剛羽化的成蟲、已進入產卵期的各種不同成熟期的成蟲，也就不足爲奇了。

產卵在玻璃珠上的綠豆象

綠豆象（*Callosobruchus chinensis*）是貯藏中紅豆、綠豆的大害蟲，綠豆象雌蟲將卵產在豆皮上，孵化的幼蟲咬破豆皮蛀入豆內，攝取養分發育，大約過二十多天，成蟲從豆粒羽化出來。

其實除了紅豆與綠豆，雌蟲也產卵在別種豆上，根據試驗室裡的試驗，綠豆象也在豌豆、黃豆、敏豆上產卵，不過幼蟲在前面兩種豆上都發育得很差，成蟲出現率大致在百分之二十。至於敏豆，對綠豆象而言，是致命性的豆種，幼蟲蛀入豆內後，還沒發育到第二齡就統統死亡。敏豆對綠豆象爲何具有致命性，是值得探討的題材，但因爲那是牽涉到營養生理方面的問題，與情色行爲無關，在此只好擱置不談。然而，另一個更有意思的問題是，若是明知幼蟲死路一條，雌蟲爲何要在敏豆上產卵呢？

人類的感覺有視覺、嗅覺、觸覺、聽覺、味覺，昆蟲也大致相同，那麼，綠豆象

在綠豆上產卵的綠豆象，白點就是卵。

雌蟲到底利用哪一種感覺選定產卵的豆種？豆粒不會發出聲音，不會是利用聽覺。那麼視覺呢？這個可能性也不大，在利用紅、黑、黃、白等不同顏色種皮的黃豆試驗中，發現各種顏色豆粒上的產卵數沒什麼差異，而且在光照下與黑暗中的試驗，結果也大致相同。

至於嗅覺及味覺呢？讓雌蟲產卵在大小不一的黃豆上，結果發現小粒黃豆上的產卵數遠比大粒黃豆多。由於使用的都是黃豆，散發出的氣味不致有很大的差異，看來靠嗅覺或味覺的可能性也不大。此外，昆蟲主要的嗅覺器在觸角，利用從基部剪掉觸角的雌蟲做試驗，所得的結果和具備完整觸角的雌蟲一樣，還是小粒豆上的產卵數多於大粒豆。如此看來，嗅覺的作用極其有限。

再來看看觸覺可能扮演的角色。用電子顯微鏡仔細檢查供試用的豆粒表面，得知雌蟲較喜歡產卵的紅豆、小粒黃豆，表面比其他豆平滑。換句話說，雌蟲不喜歡在表面粗糙的豆粒上產卵。

既然牠喜歡平滑的表面，玻璃珠的表面也很平滑，乾脆用玻璃珠試一試。準備好與小粒黃豆和大粒黃豆大小近似的兩種玻璃珠，把大粒黃豆與大玻璃珠各二十粒放在一個瓶子裡，讓三對綠豆象產卵。結果玻璃珠與黃豆上各有一百三十一粒（22.5%）與四百五十二粒（77.5%）的卵。但當大、小兩種玻璃珠混在一起時，共產下二百八十二粒卵，其中二百五十三粒竟然都產在小粒玻璃珠上，佔總產卵數的九成。值得注意的是，同樣是玻璃，在置放玻璃珠的玻璃瓶內壁上只發現兩粒卵。如此即知，綠豆象雌蟲喜歡在小粒玻璃珠上產卵，而幾乎不在有弧度且呈內彎的玻璃瓶內側產卵。

換句話說，綠豆象雌蟲以凸面、弧度較大且表面平滑的物質爲產卵場所，不管它是否適合供後代取食、發育。一接觸到這種物體，牠就開始產卵。不過這是在試驗室得出的結果，自然環境中是不會有玻璃珠的，何況玻璃是一、二千年前才出現的人造物質，相較於綠豆象數千萬年的進化過程，玻璃只是後來出現，恰巧與牠產卵條件符合的物質而已。所以，綠豆象雌蟲在玻璃珠上產卵的錯誤行爲，也就不值得大驚小怪了。當然，綠豆象雌蟲在玻璃珠上產卵的發現，不只是個有趣的問題，它也對腳臭物質的探索提供了一些啓發，關於這點將在下一單元中介紹。

綠豆象的家庭計劃

人類因爲個人需要，或是因應社會環境情勢，有所謂的家庭計劃；地球生活歷史比人類悠長的昆蟲，也有調節生育規律、擴張族群版圖的獨到策略，這些爲保障自己後代繁衍昌盛的行爲，稱得上是昆蟲的「家庭計劃」。關於綠豆象的家庭計劃，應該從綠豆象雌蟲如何在豆粒上分散產卵談起。

在玻璃盤中，放入五十顆紅豆，散置成一層，再放入五對羽化不久的成蟲，測試每顆豆粒上的產卵數。一開始，雌蟲逐顆產下一粒卵，當每顆豆上大約都有兩粒卵時，就幾乎找不到未被產卵的豆粒了。此後讓母蟲繼續產卵，當每顆豆上的平均卵數增加爲約六粒時，除了有四顆被產四粒卵，兩顆被產八粒卵外，其他四十四顆上都有五～七粒卵。

試想雌蟲有沒有辦法判別哪些紅豆已被產卵？或者當大多數的紅豆已被產下兩粒卵後，雌蟲怎麼知道要在只有一粒卵的紅豆上產卵？顯然雌蟲不但能夠判別該豆是否已被產卵，甚至還能計算出豆上的卵數。但這一切仍需進一步的試驗佐證才行。

取一些乾淨的紅豆，讓綠豆象成蟲在紅豆上爬行一段時間，再將成蟲移走，用刀片刮掉豆粒上所產的卵，並在紅豆肚臍的白色部分用紅色簽字筆做記號。經過這樣處理的豆粒，暫時叫它「處理豆」。製做處理豆時一定要戴手套，因爲手指上的油脂等物質，很可能會影響綠豆象的產卵行爲。另外，準備未被綠豆象爬過的「新鮮豆」。將處理豆及新鮮豆各三十顆混在一起後，放入一對綠豆象，比較雌蟲在兩種豆上的產卵數。結果顯示，雌蟲避免在處理豆上產卵，百分之七十以上的卵都產在新鮮豆上；如果放入更多隻綠豆象，新鮮豆上的產卵率更是上升。

其實若強迫綠豆象在處理豆上產卵，或讓牠長期在豆上產卵，每顆豆粒上的平均產卵數還是會上升，但已不如前述的均勻分布，而是在數顆豆上集中產卵，因此雖然大多數豆粒上仍有五～六粒卵，但少數豆粒上竟有十粒以上的卵。

在一定顆數的紅豆上，釋放多隻綠豆象成蟲任其產卵。剛開始時，雌蟲的產卵分布較爲均勻，但不久後，由於豆粒被爬過的腳印所污染，更恰當地說，是豆粒上沾有腳臭，使雌蟲無法識別是否爲剛爬過並產完卵的紅豆，因此逐漸減少產卵的均勻分布度。當豆粒上的平均產卵數增加時，由於雌蟲識別能力降低，集中在某幾顆豆產卵的趨勢愈明顯。那麼腳臭中的哪些物質影響雌蟲的行爲?它們的功能又如何呢?

受到腳臭污染的紅豆，可用乙醚溶液從中抽出腳臭物質，不過，紅豆本身的某些物質也會溶解於乙醚中，增加不少分析的困難。因此，可用前一單元介紹的玻璃珠取代（見173頁），用玻璃珠讓綠豆象產卵。由於乾淨的玻璃珠不含任何可溶解於乙醚的成分，只要將綠豆象爬過的玻璃珠用乙醚洗淨，等乙醚揮發後，即可得到玻璃珠上留下的腳臭物質。經過定量分析得知，從三萬隻雌蟲可得約一～二公克的腳臭物質（一隻雌蟲的分泌量爲40μg），從十萬隻雄蟲身上可得約一公克（一隻雄蟲的分泌量爲10μg），也就是說，雌蟲的分泌量爲雄蟲的四倍。同時亦知，當一顆紅豆上有10μg的腳臭物質時，會影響雌蟲的產卵行爲，

讓雌蟲產卵在以腳臭物質處理的紅豆，當一顆紅豆上的腳臭物質相當於產卵二、三粒的份量時，產卵仍呈均勻分布，此時卵孵化率高達百分之九十以上。這是在新鮮豆上常看到的正常孵化率。但當每顆紅豆以100～150μg的腳臭物質處理時，產卵數雖然跟未處理的正常豆大致相同，卻已不呈均勻分布。當處理濃度增加爲200μg時，產

卵開始集中分布，這表示腳臭物質超過一定量時，雌蟲已無法判別腳臭物質的多寡，也就不能控制雌蟲的行動。

值得注意的是，當腳臭物質增加到100μg時，卵的孵化率竟然下降到百分之十以下；超過150μg時，更降爲約百分之四。雖然專家很早就知道，成蟲密度過高時，卵的孵化率會降低，然而大都把原因歸於成蟲不愼踩破卵。但此試驗的結果卻顯示，腳臭物質具有強力的殺卵作用；換句話說，綠豆象在密度過高時，會以腳部所分泌的腳臭物質來調整後代的密度。

從後續的分析試驗也得知，腳臭物質的主要成分是不飽和脂肪酸、三甘油脂（triglyceride）及一些飽和烴化合物。目前專家正利用這些成分處理貯藏中的豆類，讓豆粒上的綠豆象卵無法孵化，確保豆類的貯藏。本來不過是個簡單的綠豆象產卵選擇性的試驗，經過持續的探索，竟然發掘出應用價值甚高的資源，足見科學研究的每個細節，都有值得深入研究的空間。

吃住別人身體的寄生蜂幼蟲

在侏儸紀初期就出現的蜂類（膜翅目昆蟲），是種類最繁多的一群昆蟲，已知種類超過三十萬種，生活型態多姿多樣，不過牠們的產卵方式大致可分爲三大類：一、

正在鳳蝶卵上產卵的赤眼卵寄生蜂

產卵在寄主植物上。二、產卵在其他動物的身體上。三、產卵在自己的巢裡。並且照著這個順序進化。

所謂寄生蜂類，就是從植食性蜂類進化到築巢性期間的一群肉食性蜂類。屬於寄生蜂類的種類很多，例如姬蜂、小繭蜂、鉤腹蜂、小蜂等，牠們將卵產在可當寄主的昆蟲或蜘蛛的身上，分成外寄生和內寄生兩大類。前者是指把卵產在寄主體表，讓孵化的幼蟲從體表取食寄主身體；後者把卵產在寄主體內，讓孵化的幼蟲取食寄主體內的組織；內寄生形式者，被認爲較爲進化。

外寄生者在產卵前，必須克服一件事，就是得讓寄主無法動彈，否則卵會被寄主壓壞、甚至被寄主咬死。因此，外寄生蜂會先用產卵管螫刺寄主，注射有毒物質麻痺寄主。也就是說，產卵管除了產卵功能外，兼具注入麻醉液的功能。此外，還有一個待解決的問題，就是寄主必須有造繭性等隱蔽身體的習性，因爲寄主若遭麻醉，行動變得遲鈍，容易受到害敵攻擊或其他外在環境的傷害，如果沒有隱蔽自己的絕活，體表的寄生蜂幼蟲也將會與牠同歸於盡。至於採用內寄生方式的寄生蜂，問題就沒那麼嚴重。

此外，也有像蜘蛛姬蜂（*Zebrachypus* spp.）這類具有產卵特技的寄生蜂，牠們以蜘蛛網上的蜘蛛爲寄主。當牠突襲蜘蛛時，會先螫刺蜘蛛腳的基部，利用其暫時失去感覺之際，在牠的頭胸部或腹部背面產下一粒卵，蜘蛛後來雖然恢復知覺，但由於腳搆不到卵，只好任由孵化的姬蜂幼蟲吸血，而終至死亡。

體外產卵型的寄生蜂，卵的形狀變化較少，大致呈香腸狀，但也偶有例外。例如長尾姬蜂（*Pimpla* spp.）的卵，在卵的前端或後端具有長長的柄狀物，但它有如何的功能，不得而知。又如圓姬蜂（*Exenterus* spp.）用卵後端的長柄將卵固定在植物上，讓孵化幼蟲能自己爬行尋找寄主。

由於外寄生蜂的幼蟲得靠自己的力量尋找寄主，或者必須捉住寄主的身體，需要較多的力氣，因此母蜂產的卵一般都比內寄生蜂大。內寄生蜂通常在一個寄主身上產下許多粒小型卵，孵化的幼蟲們共同分享該寄主的身體，並同時發育。例如以甘藍紋白蝶幼蟲爲主要寄主的紋白蝶絨毛小繭蜂（*Cotesia glomerata*），母蜂在第二齡寄主幼蟲體內產下幾十粒卵，隨著寄主發育，體內的寄生蜂幼蟲也發育，當寄主的幼蟲期結束時，寄生蜂也完成幼蟲期的發育，最多時有二十~三十隻的寄生蜂幼蟲。幼蟲咬破寄主體表，在寄主屍體附近造繭而化蛹。然而有些種類的小繭蜂，孵化幼蟲具有巨型大顎，會先在寄主體內展開激烈的種內競爭，勝利者才能發育到第二齡期，二齡幼蟲已失去巨型大顎，靠取食寄主體內的組織長大。

內寄生蜂卵的形狀較有變化，如棍腹姬蜂（*Ophelte**s* spp.）、擬飴蜂（*Anomalon* spp.）等，卵的後端或腹面具有吸盤或倒鉤，可以將卵緊緊固定在寄主體內的特定位置。如此看來，內寄生蜂的產卵方式比外寄生蜂更爲特化。

母蜂如何找到產卵用的寄主呢？對體型嬌小的寄生蜂來說，要在一片蔬菜田或一棵樹上找到適合產卵的寄主，的確是件難事。以紋白蝶絨毛小繭蜂爲例，交尾後的母蜂，先依循十字花科植物特有的氣味找出寄主賴以生活的植物，然後在離該植物二～三公分處徘迴，時而飛上飛下，尋找寄主昆蟲。不久停在葉片上，用觸角末端觸摸葉面，慢慢爬行，遇到紋白蝶幼蟲的食痕時，就將觸角末端朝向食痕，並把觸角豎起來，做出豎起翅膀，或向前伸出腹端彷彿要產卵的動作。若附近正好有寄主幼蟲，母蜂立刻跳上去插進產卵管；若是沒找到寄主幼蟲，母蜂會以觸角仔細調查食痕附近，調查時間有時長達五分鐘。

若在沒有紋白蝶幼蟲的葉片上，母蜂先以觸角末端慢慢地擦查葉面，經過大約十秒鐘的探查，沒找到幼蟲，就搖擺著觸角快步徘徊。母蜂在葉片上的動作，爲何有如此的差別？原來母蜂的策略是，以食痕溢出的汁液氣味爲第一線索，接著尋找食痕附近紋白蝶幼蟲的唾液及糞便。因爲有食痕，至少表示寄主幼蟲來過這裡，若是還能聞到唾液或新鮮的糞便氣味，就表示附近很可能有寄主，母蜂才會更仔細地尋找寄主。

紋白蝶絨毛小繭蜂之所以一發現寄主幼蟲，立刻跳上去產卵，原因之一，應是適

寄生蜂產卵的步驟

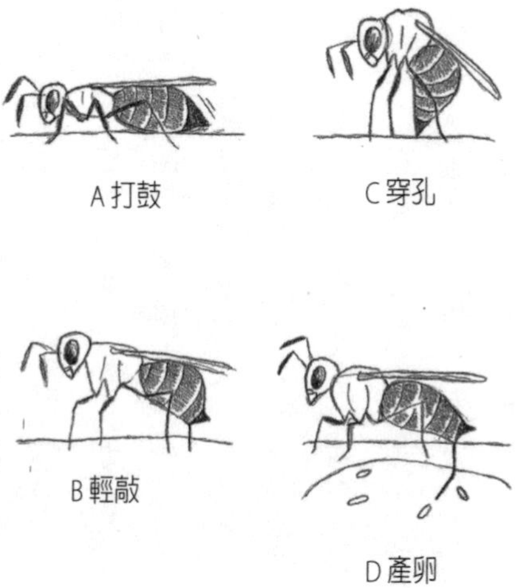

合牠產卵的寄主齡期只限二、三齡幼蟲期；爲了爭取時間，牠必須立刻產卵，速戰速決。然而有一種以蒼蠅等的蛹爲寄主的蛹寄生蜂——蠅蛆寄生小蜂（*Nasonia vitripennis*），在產卵前，仍會慎重其事地做好「搜身工作」。發現寄主的蛹後，牠先以觸角觸摸蛹的表面，檢查五～十秒鐘後再爬到蛹體上，以觸角末端像打鼓般地連續拍打各個部位，經過約一～二分鐘的打鼓行爲，才將產卵管插入蛹體，進入產卵階段。蠅蛆寄生小蜂的打鼓行爲，不是打好玩的，而是要確認該蛹是否適合當寄主，並依據蛹體的大小決定該產多少卵。

看來不起眼的小小寄生蜂，除了產卵時下了不少工夫，在後代性比的控制上也有讓人驚嘆的表現，關於這點，將在後面的單元作一介紹。

寄生蜂搭上生產便車

人們旅遊時，常利用交通工具來代步，昆蟲也懂得這種方法。更具體地說，就是小型昆蟲也會搭在大型昆蟲的身上，利用大型昆蟲的飛翔來移動。這種遷移方法，動物生態學上稱為「搭乘」（phoresy）。在昆蟲的搭乘行為中，以卵寄生蜂搭乘寄主身體遷移的行為，最為人所熟知，早在五、六十年前就已觀察到。

就像我們要到某一個地方辦事，該如何選擇正確路線的公車、要在哪一站下車，都是很重要的問題。卵寄生蜂也面臨如何找到可搭乘的寄主，又如何從寄主昆蟲下車的考驗。直到最近幾年，人們對昆蟲搭乘行為的機制才有較深入的瞭解。在此就以台灣黃毒蛾（*Euproctis taiwana*）和牠的乘客黃毒蛾黑卵寄生蜂（*Telenomus euproctidis*）的搭乘關係，介紹昆蟲搭乘行為的機制。

台灣黃毒蛾是分布於台灣的一種毒蛾，幼蟲身體呈黃色，為害多種果樹、蔬菜。成蟲通常產三個大致由二十粒卵組成的卵塊，卵經過五～六天的卵期孵化。幼蟲期、蛹期在夏天，各約為十五天及十七天，一年發生七、八代。牠的乘客黑卵寄生蜂，體長〇．七～〇．八公釐，呈黑色，屬於黑卵蜂科（Scelionidae），雌蜂交尾一次後，就拒絕再交尾。根據日本沖繩的一次調查，大約百分之三十的台灣黃毒蛾雌蛾腹端的毛叢中，有一～十隻寄生蜂母蜂，其中以三隻為最普遍。由於雄蛾腹端只零星長著一些剛毛，所以沒有發現寄生蜂。也就是說，只有雌蛾腹端可搭載交尾後的寄生蜂母蜂。

黃毒蛾母蛾多從傍晚開始產卵，一邊產卵，一邊以產卵管末端的櫛齒狀剛毛刷動腹端的叢毛，大約十多分鐘後，產下第一個卵塊，然後飛往他處產第二個卵塊。母蛾一產下卵，黑卵寄生蜂就跳到蛾卵上，在每粒蛾卵上產一粒卵。由於極大多數的黑卵寄生蜂趁母蛾產第一個卵塊時下車而離開母蛾，所以母蛾的第一個卵塊受到最嚴重的寄生。

通常以幼蟲爲寄主的寄生蜂，根據寄主昆蟲的食痕，或被害植物所揮發的化學成分來尋找寄主。但卵寄生蜂卻不一樣，卵不會取食植物，不會形成食痕，本身也幾乎沒有任何特殊氣味，更不會分泌唾液、製造排泄物。因此卵寄生蜂自然得採取別的策略，也就是以留在卵塊上的寄主母蟲的鱗毛爲線索，不過這些物質的揮發性不高，無法用於遠距離的尋找。由於不少卵寄生蜂的母蟲在交尾後，卵巢立刻發育，不再活動自如，爬行或跳動一段距離後就開始產卵，因此對卵寄生蜂而言，寄主昆蟲尋偶時分泌的性費洛蒙，是尋找寄主卵的有利線索。例如黑卵寄生蜂，便是利用黃毒蛾的性費洛蒙來尋找母蛾。

回頭談談台灣黃毒蛾母蛾分泌性費洛蒙的時段。母蛾大約在傍晚天黑後分泌性費洛蒙，天亮時也有一次分泌期，此時正是黑卵寄生蜂母蜂開始活動的時候，因此能搭上黃毒蛾的便車；室內試驗結果也證實，台灣黃毒蛾的性費洛蒙對黑卵寄生蜂有明顯的引誘作用；在野外設置的黃毒蛾性費洛蒙誘引器中，可發現不少黑卵寄生蜂母蜂。從一連串後續試驗得知，母蜂趁黃毒蛾母蛾早晨分泌性費洛蒙時，飛到牠身上，由於母蛾的性費洛蒙由腹端分泌，上車後的黑卵寄生蜂便依循性費洛蒙的氣味，潛入母蛾腹端的毛叢裡入座，母蛾產卵時，再隨著尾毛一起被刷到卵塊上，之後進行自己的產卵工作。

其實黑卵寄生蜂對台灣黃毒蛾的卵寄生，不只靠搭乘的方法。將黃毒蛾的卵塊直接放在野外時，超過半數的卵會受到黑卵寄生蜂的寄生，這是因為黃毒蛾的卵塊，被蓋著沾有性費洛蒙的腹端毛。事實上，就算沒有卵塊，只要是分泌過黃毒蛾性費洛蒙的腹端毛，都可誘引黑卵寄生蜂。

由此更證實，黑卵寄生蜂是利用黃毒蛾母蛾尋偶時分泌的性費洛蒙，找到母蛾，然後搭乘，又在母蛾產卵時離開母蛾腹端，再以覆蓋、保護卵塊且沾有性費洛蒙的腹端毛為線索，直接產卵在黃毒蛾的卵上。

面對黑卵寄生蜂的寄生，黃毒蛾也有應對之計。牠以產下多個卵塊的方式來減輕威脅，也就是產第一個卵塊時，讓腹端的大部分卵寄生蜂在該卵塊上產卵，犧牲第一個卵塊，保全後來產的第二、第三個卵塊。

雖然台灣黃毒蛾與黑卵寄生蜂之間的關係已大致解開，然而仍有一些值得繼續探討的問題。因為這種黑卵寄生蜂不僅搭乘台灣黃毒蛾，也搭乘茶毒蛾（*Euproctis pseudoconspersa*），而茶毒蛾分泌的性費洛蒙成分與台灣黃毒蛾的又完全不同。是不是這兩種不同成分的性費洛蒙對黑卵寄生蜂都有引誘作用？或者目前被認為同一種的黑卵寄生蜂，其實是不同的兩種寄生蜂？顯然地，當一個昆蟲的生活現象揭開謎底後，又會引出一些謎題，昆蟲的世界裡總有挖掘不完的奧秘。

寄生蜂生男生女自己決定

寄生蜂除了以搭乘行為為人津津樂道外，牠對後代性比的控制，也令人嘖嘖稱奇並且羨慕。進入正題前，先來介紹赤眼卵寄生蜂（*Trichogramma* spp.）的產卵情形。

赤眼卵寄生蜂體長只有○．二～○．四公釐，常被用來防治農業害蟲。在室內大量繁殖後，將牠們釋放於甘蔗田、玉米田，可以防治甘蔗螟蟲、玉米螟等重要害蟲。其中，鳳蝶赤眼卵寄生蜂（*T. papilionis*），雖以多種鳳蝶卵為寄主，但只能利用產卵後半天的新鮮的鳳蝶卵。牠通常在一粒柑桔鳳蝶卵上產下約二十粒卵。在寄主卵中孵化的寄生蜂幼蟲迅速發育，經過四、五天就化蛹，再經過約四天就羽化；羽化時，在寄主卵殼上開了一個比針孔還要小的洞，成蟲一隻接著一隻從洞口爬出來。成蟲體長只有○．四公釐，肉眼不易看見，但利用顯微鏡觀察，就知道牠們是構造精密的一隻小蟲。

雖然已知有不少寄生蜂族群雌多於雄，鳳蝶赤眼卵寄生蜂的性比更是極端，大約十隻雌蜂才出現一隻雄蜂。雄蜂體型比雌蜂小，翅膀退化，看來不僅柔弱，動作也很遲緩。雌蜂平均約有十天的壽命，但大部分雄蜂在一、兩天內即告死亡。更特別的是，從鳳蝶卵羽化出來的雌蜂，大都已經交尾過。雄蜂看來如此柔弱短命，怎能與那麼多雌蜂交尾呢？到底牠是在何時、何處，又如何交尾的？

有些蜂類不須經過交尾就產卵，產下的未受精卵也能發育爲成蜂，這種生殖方式叫做孤雌生殖。由未受精卵發育出雄性後代，叫做「產雄性孤雌生殖」；由未受精卵發育出雌性後代，叫做「產雌性孤雌生殖」。就產雄性孤雌生殖而言，交尾過的母蜂產下的是，以後發育成雌蜂的受精卵與成雄蜂的未受精卵。在寄主卵中，雄蜂比雌蜂早六個小時羽化，似乎是受到雌蜂羽化時的動作刺激，雄蜂短暫休息後就開始行動。此後，隨之而來的羽化同伴，不管雄或雌，牠都會活潑主動地嘗試交尾，尤其遇到正在羽化的雌蜂，還將牠從蛹殼中拉出來交尾。每次交尾僅需五秒鐘，可能是昆蟲交尾時間最短的紀錄。

雄蜂的提早羽化，以及在寄生卵內敏捷且瞬間的交尾行爲，使得赤眼卵寄生蜂獲得很高的交尾率。再者，雌蜂從羽化到形成脫出孔而出現於外界，大致需要五～六小時，雄蜂因此有充足的時間與雌蜂們完成交尾。也就是說，出現在寄主卵殼外看來頗爲虛弱的雄蜂，其實已在寄主卵內完成多次交尾了。

然而想要獲得較高的交尾率還有一個條件，就是在一粒寄主卵內所產的卵中，一定要有雄性卵。因此，母蜂產卵時，要有一定的先後順序：首先產下一粒雌性卵，第二粒或第三粒就要產不受精的雄性卵，然後產下七、八粒雌性卵，接著再產一粒雄性卵，之後再產一些雌性卵。如此有計劃的產卵策略，讓一粒寄主卵中的寄生蜂後代，得以達成最經濟又最有效率的交尾。

上述的赤眼卵寄生蜂，大多在一個寄主卵內進行同母後代間的交尾，這是依據雄蜂交尾次數決定性比的特殊例子。如果一隻母蟲在多粒寄主卵上產卵，情形又不一樣了。例如以南方綠椿象等卵塊爲寄主的椿象黑卵寄生蜂（*Trissolcus mitsukurii*），產卵順序所採取的策略是，先產一粒雄性卵，再產數粒雌性卵，然後再產第二粒雄性卵，再產雌性卵……，如此先確保最基本的雄蟲，這樣不管在多少卵形成的卵塊上產卵，不管產卵工作何時被打斷，寄生蜂還是能夠獲得後代的最佳性比。

另一種產卵順序見於緣椿象黑卵寄生蜂（*Gryon japonicum*），牠先產一粒雌性卵，再產一粒雄性卵，然後再產四、五粒雌性卵，此後產第二粒雄性卵。由於多種緣椿象產卵時不形成大型卵塊，通常一粒一粒地分散產卵，頂多產些三、四粒卵集中於一處的小型卵塊，這種情況下，緣椿象黑卵寄生蜂較難找到第二粒寄主卵。顯然地，在第一粒寄主卵上產下雄性卵並非上策，因爲雄性未來無法產卵。因此，牠以雌性卵爲優先，然後照緣椿象黑卵寄生蜂的方式產下雄性卵。母蜂生下第一粒卵後，約有三個小時的產卵中斷期，但牠竟然還記得之前產的卵是雄或雌，然後繼續維持著有規律的產卵順序，令人不可思議。

那麼在不同卵塊上連續產卵時，卵寄生蜂會採用哪種策略？在此以茶姬捲葉蛾（*Adoxophyes sp.*）卵塊為寄主的網紋小繭蜂（*Ascogaster reticulata*）為例略作介紹。茶姬捲葉蛾通常產下由近百粒卵形成的大卵塊。小繭蜂母蜂從發現寄主卵塊開始產卵，至產卵完畢，大致需要四十五分鐘。分別在以下三個時段調查羽化的後代性比，即母蜂開始產卵後十分鐘、產卵後三十分鐘移除母蜂，及母蜂完成整個產卵過程。結果發現，產卵十分鐘的母蜂的後代，雄蜂多於雌蜂（1.4：1.0）；產卵三十分鐘，雌、雄隻數大致相同；完成產卵後，則是雌多於雄（1.8：1.0）。換句話說，剛開始十分鐘產的卵以雄性卵居多，接下來的二十分鐘則偏向產雌性卵，最後階段幾乎都產雌性卵。從這種產卵趨勢可知，雌性卵一直以相同的速率產生，但母蜂為了避免在已產卵的寄主卵上再產卵，花很多的時間去尋找未被寄生的寄主卵，導致產卵速度緩慢。

值得注意的是，這些寄生蜂的受精卵是雌性卵、未受精卵是雄性卵，為什麼母蜂能決定卵受不受精，要生雌的或雄的？原來貯精囊的開口是其中的關鍵。卵能否受精，完全由母蜂體內貯精囊開口的關閉或開放所控制。當開口關閉時，貯精囊中的精子無法流出輸卵管，卵細胞自然無法受精。母蜂對後代性比的控制自如，想必羨煞那些求子或求女心切的人。

狩獵蜂、花蜂產卵和性比的精算

狩獵蜂及花蜂類（例如蜜蜂），都建築由小房間（蜂房）組成的巢窩，在每個小房間產一粒卵，並在此養育幼蟲。以昆蟲、蜘蛛等食物養育幼蟲的是狩獵蜂，供給幼蟲花粉、花蜜的是花蜂類，而花蜂則是由部分狩獵蜂所演化的。

狩獵蜂先用毒針螫刺寄主昆蟲或蜘蛛，使其痲痺，然後搬到巢中，在牠身上產一粒卵；若是蜘蛛，就產在蜘蛛的腹部側面或腹面；若是蝗蟲、蟋蟀之類，就產在牠前腳後方的側面；若是毛毛蟲之類，就產在寄主腹部中央的側面，總之有一定的產卵位置，但爲何如此，至今仍不得而知。

有些較爲進化的狩獵蜂，不直接把卵產在獵物上，而是產在蜂房的地板上或以細絲吊在蜂房的天花板下，如泥蜂（*Stenodynerus* spp.）等利用竹桿築巢，又如土壺蜂（*Eumenes* spp.）等以泥土與唾液築造壺狀的蜂房，牠們築完巢後先產卵，把卵吊在蜂房的天花板下，再出去狩獵毛毛蟲。與牠們有類緣關係的長腳蜂（如*Polistes* spp.）、胡蜂（如*Vespa* spp.）等，則利用植物的纖維和唾液築巢，並隔成好幾個小房間，在小房間的牆壁上產卵，卵孵化後每天供給幼蟲食物。雖然幼蟲的食物仍是昆蟲，但並非痲痺過久的昆蟲，而是當天捉來咬成肉丸狀的新鮮獵物。後來這類狩獵蜂逐漸經營起家庭式生活，起初仍由一隻雌蜂負責所有的工作，但隨著後代雌蜂的出現，牠們開始分擔狩獵、餵食幼蟲等工作，讓爲首的母蜂能夠專心產卵。

至於花蜂類，只取食花粉、花蜜，雖然花粉、花蜜的營養價值高，但產量極少，因此花蜂發展出能在短時間內四處收集花粉、花蜜的技術，以滿足所有家庭成員的需求。花蜂類的另一個特徵是，產大型但少數的卵，例如艷花蜂（*Ceratina* spp.）、熊蜂（*Xylocopa* spp.）都以產大型卵而有名。曾有體長三公分身軀的熊蜂，產下長一．六五公分、直徑○．三公分巨蛋的驚人紀錄。花蜂類的母蜂一生雖然只產七、八粒卵，但幼蟲發育迅速，至母蜂產第三、四粒卵時，第一粒卵孵化的幼蟲已發育爲成蟲，可分擔母蜂的部分工作。看來，卵大而數目少是花蜂類適應家庭生活的一種策略。

在花蜂中，較爲進化的圓花蜂（*Bombus* spp.）、蜜蜂（*Apis* spp.），已不把卵產在花粉塊上面，而是產在蜂房的牆壁上，孵化幼蟲每天由工蜂，即幼蟲的姊姊們，以嘴餵食經過唾液加工的新鮮花粉、花蜜。爲了收集足夠的花粉、花蜜，花蜂中甚至出現了一些投機者，侵占其他花蜂蜂巢、搶劫蓄藏其中的花粉、花蜜。

另有一種所謂的「寄生性花蜂」，例如尖花蜂（*Coelioxys* spp.）類，牠將一粒卵扛進切葉蜂（如*Megachile* spp.）已裝滿花粉的蜂房中，趁切葉蜂不注意時，在花粉塊上產下一粒卵後就關閉蜂房的門（開口），讓卵得以在裡面順利孵化。孵化後的幼蟲在第一、二齡期時具有巨型大顎，牠就用這大顎殺死切葉蜂的幼蟲，取食幼蟲屍體和花粉塊維生。切葉蜂的另一個剋星是紅腹寄生切葉蜂（*Euaspis basalis*），牠會先咬破切葉蜂產了卵的巢窩，除掉裡面的卵或幼蟲，產卵完後再修好巢窩飛走。

對蜜蜂稍有了解的人都知道，在一個蜜蜂的族群中，有一隻女王蜂及多數雄蜂和工蜂（沒有生殖能力的雌蜂），其中工蜂的數目比雄蜂多許多，這表示女王蜂在產卵時可以控制後代的性比，當然這種情形也見於多數的胡蜂、花蜂。以一種筒花蜂 *Osmia cornifrons* 為例略作介紹。筒花蜂通常利用細竹桿或蘆葦的枯桿築巢，故得此名。母蜂先從竹桿的最深部開始建造房間，並在每一個房間裡貯藏花粉塊，然後產一粒雌性卵，再設個牆壁建造第二個房間、貯藏花粉塊、產雌性卵，再做第三個房間，如此在一根竹桿平均建造約十個小房間。竹桿較深部的房間空間較大，可備有多量的花粉，以供雌性幼蟲發育；靠近出口處的兩、三個小房間較狹窄，只有少量的花粉，供給雄性幼蟲發育。供給雄性幼蟲的花粉大致只有供給雌性的三分之二，因為雄性幼蟲發育較快，靠近出口的雄性羽化後按順序離開竹桿。更詳細地說，夏天在竹桿中發育的幼蟲，到了秋天化蛹，接著羽化變為成蟲，成蟲在此越冬，到了春天才離開竹桿，由於雄蟲對溫度的昇高較為敏感，因此從雄蟲開始離開。

筒花蜂為何採用如此重雌輕雄的策略？牠們如何做到先產幾個雌性卵、再產兩、三個雄性卵？利用不同直徑、足夠做出二十～三十個房間的超長竹桿，或只能做出三、四個房間的短小竹桿，以及可築巢的透明塑膠圓筒等進行試驗，得知筒花蜂母蜂在一次產卵活動中，能產十多粒卵，卵的大小以第一粒最大——直徑約三．三公釐，此後的卵愈來愈小，至第十粒卵大致爲二．八公釐；當卵的直徑未滿三．〇公釐時，開始產雄性卵。

而母蜂在產卵動作上也有明顯差異。產雌性卵時，在大約三分之二的卵體出現之際，母蜂爲了鬆開貯精囊的肌肉，會暫停腹部的收縮運動，如此產完一粒雌性卵，約需五十秒的時間；但產雄性卵時，母蜂並沒有收縮腹部的現象，一口氣就產下卵，只花約二十五秒。也就是說，母蜂找到築巢場所後，先以觸角、步行方法測量該場所的長度、空間、大小，再依據體內的藏卵數與卵型的變化，決定雌性卵及雄性卵的數目及產卵順序，要產雌性卵時，就鬆開貯精囊開口，讓卵受精。如此縝密的計劃性產卵，足以說明小小的狩獵蜂、花蜂爲何能在繁華多變的自然世界立足。

冷杉大綿蚜重男輕女嗎？

雖然寄生蜂可以控制後代性別，並以多雌策略繁衍後代。但大多數的動物，包括絕大多數的昆蟲及人類在內，性比都是1:1，無論雌性或雄性都是雙倍體，依性染色體的分配決定性別，自己無法控制。雖然在部分哺乳動物身上，可以觀察到操縱自己後代性別的現象，但箇中的運作機制，仍舊成謎。

以蘇格蘭一個小島嶼的紅鹿（*Cervus elaphus*）爲例，在該鹿群中地位較高較優越的母鹿體型較大，牠們多產大型的雄性後代，處於劣勢的母鹿體型較小，所產的後代以雌鹿居多。此外，在南美的委內瑞拉曾就不同營養條件下的大鼰（*Didelphis marsupialis*）作調查，發現雖然營養條件不致影響一胎的產兒數，但卻會左右後代的性別。即在營養條件較差者的後代，雌雄各佔一半；而營養條件較佳者的後代，雄性佔了三分之二。如果我們能夠控制動物後代的性別，在畜產的養殖業上將會有突破性的發展；如果人類能夠控制生男生女，或許歷史上就不會有爲了繼承問題大費周章或大動干戈的場面了。

早在二十多年前，昆蟲專家就發現了一種雙倍體昆蟲——冷杉大綿蚜（*Prociphilus oriens*）的母蟲能控制自己後代的性比。冷杉大綿蚜在台灣沒有分布記錄，是我們相當生疏的昆蟲，屬於綿蚜蟲科（Eriosomatidae），這科中我們較熟悉的是甘蔗綿蚜（*Oregma lanigera*）。

在日本北海道，冷杉大綿蚜冬天寄生在滿州木犀（*Fraxinus mandshurica*）上，到了春天，產在樹皮裂隙的卵孵化，若蟲在夏天轉移到冷杉寄生，直到秋天才結束冷杉上的生活，其間只看得到雌蟲，牠們以無性生殖的方式繁殖，但經過約四個世代，出現所謂的「產性蟲」，牠有翅膀、能產下雌性卵及雄性卵的成蟲，就是本文介紹的主角。產性蟲從冷杉根部飛到滿州木犀樹幹上，在樹皮裂隙產下雄性和雌性卵，孵化的若蟲長大後交尾，雌蟲也在樹皮裂縫處產卵，卵到了春天孵化，如此開始第二

冷杉大綿蚜的產性蟲與牠肚子內的胚蟲

年的新生活。

再詳細看看產性蟲產卵的情形。當產性蟲三五成群飛到滿州木犀的樹皮上時，牠的腹部已漲得像小麵包似的，更確切地說已漲滿「胚蟲」。原來產性蟲在寄生於冷杉的若蟲期，已讓肚子裡的卵發育成胚蟲，因此飛到滿州木犀後不到數個小時，就將肚子裡的胚蟲產下來。由於胚蟲在產性蟲的肚子裡已獲得充分的營養，不必再取食，因此口器退化，牠在被產下處靜止三、四天，經過四次蛻皮而變爲成蟲。

雖然成蟲的形態和被產下時幾乎沒什麼兩樣，但牠的體內已擁有精子或卵子，而且雌、雄之間的差異很明顯。雌蟲體型較大，呈桔黃色；雄性呈綠色，體型大約只有雌蟲的三分之一。如此明顯的差異，早在產性蟲的肚子裡就已存在。至於成蟲的交尾行爲，是由雄蟲採取主動，雌蟲則是被動地在原地等候。成蟲沒有取食能力，牠們在成蟲期專心交尾，雌蟲在產下一粒約爲自己身體四分之三大的卵後，就宣告死亡。

在滿州木犀旁邊用捕蟲網採集產性蟲，解剖牠的肚子分析胚蟲數的性比，結果發現，一隻產性蟲肚子裡平均有八隻胚蟲，雌、雄大致各佔一半，性比爲1:1。由於雄性胚蟲的大小只有雌性胚蟲的三分之一，站在母蟲（產性蟲）的立場，養育一隻雌性胚蟲要花一隻雄性胚蟲三倍量的食物，雖然雄雌性比是1:1，但以母蟲的投資量來看，雄雌之比是1:3，母蟲的投資明顯地偏向雌性，莫非母蟲偏心？

就近兩百隻產性蟲調查每隻母蟲所含的胚蟲性比，及整個胚蟲的總體積。得知在母蟲肚子裡雌性胚蟲所佔的體積，自〇至一．四立方公釐，差距甚大；但雄性胚蟲的總體積大致都在〇．一七立方公釐。由此可知，當胚蟲總體積在〇．一七立方公釐以下時，只產雄性胚蟲；當營養條件較佳、可產更多胚蟲時，除了產體積相當於〇．一七立方公釐的三、四隻雄性胚蟲外，剩餘的營養都撥給雌性胚蟲。

一般而言，一些大型的產性蟲可以產下四隻雄性胚蟲，與十隻左右的雌性胚蟲。在各種不同營養條件下，飼養若蟲期的產性蟲，調查肚子裡胚蟲的數目及大小，可略爲了解產性蟲控制自己後代的機制。其實產性蟲在若蟲期初期，肚子裡就已擁有四個雄性胚蟲與大約十個雌性胚蟲，當營養條件惡化時，牠會先挪用本來要給雌性胚蟲的營養，隨著條件的惡化，被犧牲的雌性胚蟲愈來愈多，到最後惡化到自己生命難保時，才開始犧牲雄性胚蟲，大致到第四齡中期，才終止對後代的回收營養，此時雌、雄性胚蟲的體積大致相同；此後雌性胚蟲急速發育，最後竟變成雄性三倍大的胚蟲。

因此，單從產性蟲爲了養育一隻雌蟲，要投資比雄蟲多三倍的營養，就說牠重雌，這是不正確的，當環境不佳時，先被淘汰的其實是雌性胚蟲。牠到底重雌或輕雌，實在不足爲外人道也。

【第六篇】

奇妙的親子關係

父母之愛，也就是親代對後代的照顧，常見於鳥類、哺乳類動物，其實在一些昆蟲身上也看得到，只是程度上有所差別而已，有些昆蟲親代對後代的悉心呵護，甚至完全不輸給高等動物呢。

精兵型與卵海型的產卵策略

談到動物的繁殖策略，大致可分為「精兵型」與「卵海型」（自生自滅型）兩大類。前者是產少數後代，卻給予周到照顧的「少產周到照顧型」，以提高後代存活率，大多數的鳥類、哺乳類動物都採用這種策略，所謂的家庭計劃、優生家庭幸福多等口號，也是這種精神的體現。

哺乳類動物（包括人類）為何採用精兵策略？因為從胚胎期到出生，胎兒所需的氧氣、營養物完全由母體供給，排泄物也由母體處理，胎兒可說是過著寄生蟲般的生活。母體負擔這樣沉重的工作，自然無法養育更多的後代，而且既然犧牲這麼大，牠（她）當然會好好照顧生出來的後代。至於鳥類的產卵，從哺乳類的標準來看，相當於極端的早產，因此母鳥產卵後還有抱卵的工作。母鳥由於體型限制，一次不能產太多的卵，而且無論是剛孵化的幼雛或剛出生的幼獸，都無法自力生活，暫時需要母體的餵食或哺乳，因此親代對後代的照顧行為，在這些動物中極為普遍。

然而，水中生活的動物，大多採用卵海型的繁殖策略。例如多數魚類的產卵數常多達幾十萬或幾百萬，甚至能產上億粒卵，如翻車魚。不過，有上百萬隻孵化的稚魚將在水裡的食物鏈中被消耗，最後只剩幾隻稚魚長大到成魚。母魚彷彿預知稚魚的命運，遂以多取勝，產下數目龐大的卵，且產完一批卵後就離開。只有極少數營巢性或以口腔護魚（mouth breeder）的魚類，會留下來護卵。

昆蟲的產卵數雖然不像魚類那麼多，但大都在三位數，有些甚至達四位數，也算是多產型的代表之一。事實上，昆蟲正是靠著這種以多取勝的特性，維持了種族的繁榮。有意思的是，在各類昆蟲身上，仍可看到不同程度的親代照顧後代的行爲。

調查一隻母蟲的產卵數，可能因環境、調查方法等而有很大的差異。從附表所列的多種昆蟲的大致產卵數，大致可以發現，產卵數從最少的十粒至最多的一百萬粒，差距高達十萬倍。

其中，產卵數最大的蜜蜂可算是例外中的例外，因爲西洋蜂是社會性昆蟲，在一

昆蟲產卵數一覽表

昆蟲	產卵數（粒）
大黑糞金龜	10
催催蠅	15
獨角仙	20
桑天牛	60
平家螢	80
綠豆象	90
江崎角肩椿象	100
黑尾葉蟬	140
玉米象	200
柑桔鳳蝶、頭蝨	300
波紋瓢蟲	350
二化螟、松毛蟲	500
紋白蝶、飛蝗	500
毒蛾	600
綠椿象	700
擬蛺蝶	1000
栗夜盜	1,300
大避債蛾	1,500
象鼻蟲	1,600
土芫菁	5,000
蝙蝠蛾	10,000
蜜蜂(西洋蜂)	1,000,000

個由數萬、甚至數十萬隻工蜂形成的蜂群中，只有女王蜂負責產卵，女王蜂就像專責產卵的機器，其他諸如採集食物、照顧卵及幼蟲、清理蜂巢等工作，都由不會產卵的工蜂們去做。換句話說，女王蜂是代替工蜂們產卵。

至於產卵數最少的糞金龜類，牠們的後代是在母蟲（有時父、母蟲一起）的照顧下長大，親代先利用哺乳類動物的糞便製作糞球，然後埋入土中，再把卵產在糞球內或糞球表面。孵化的幼蟲在糞球中取食，免受外界氣候的影響或害敵的攻擊，以渡過安全又舒適的幼蟲期。然而哺乳類動物的糞便並非到處可見，糞金龜從尋找糞便開始，到製造糞球、產卵，其間的投資相當可觀，以致影響牠的產卵數，不得不採取重質不重量的精卵策略。

附表中，產卵量僅次於蜜蜂的蝙蝠蛾，母蟲邊飛翔邊產卵，採用典型的卵海戰術。蝙蝠蛾是一般人比較陌生的昆蟲，是蝙蝠蛾科（Hepialidae）大型蛾類的總稱，在台灣已知至少有黃斑蝙蝠蛾（*Endoclyta sinensis*）與白點蝙蝠蛾（*Palpifer sexnotata*）兩種，黃斑蝙蝠蛾幼蟲爲害柑桔、桃、杉、樟樹等多種木本植物，白點蝙蝠蛾幼蟲則蛀食芋頭植株。

澳洲大陸有不少蝙蝠蛾，其中不乏大型種類，例如太古蝙蝠蛾（*Zelotypia stacyi*）的母蟲，是翅距達二十公分的超大型種。另有一種櫛角蝙蝠蛾（*Trictena argentata*），因爲具有櫛齒狀觸角而得名，翅距達十四～十五公分，廣泛分布於澳洲南部的乾燥地帶，成蟲多在雨後出現，母蟲邊飛邊撒卵。據一次觀察記錄，母蟲產下了二萬九千一百粒卵，解剖後在牠腹部還發現一萬五千粒卵，總計這隻母蟲的卵超過四萬粒！孵化的幼蟲在土中形成長達一公尺的垂直狀隧道，並取食桉樹的根部長大，老熟幼蟲則在隧道內化蛹。由於幼蟲存活率相當低，母蟲只好以卵海戰術來壓制死亡率。就母蟲而言，在產卵前牠並未做多大的投資，只是將剩餘的能量轉用來增加產卵數，而這也是一些昆蟲常用的繁殖策略之一。

再來看看多產性另一代表——家蠅。一位英籍昆蟲學家曾根據家蠅的產卵數、發育速度等資料，計算出一對家蠅經過一個夏季會產生190×10^18隻後代，這些後代能以約一百五十公尺的厚度覆蓋整個地球。

德國蜚蠊（*Blatella germanica*）的繁殖率雖然不如家蠅，卻也有令人歎為觀止的數字。牠的平均壽命一百二十天，雌蟲一生共形成五個卵鞘，卵鞘中的平均卵數為四十粒，雌雄各佔一半，若蟲期六十天。根據以下公式計算，僅經兩代，一對德國蜚蠊的後代數就可高達二萬隻。

一隻母蝶通常產數百粒卵，一粒一粒地把卵產下，要花好幾天的時間，其間遭逢意外死亡的母蝶為數不少，所以平均起來，一隻母蝶的產卵數大致為一百粒；若到了第五代，已達一千二百五十萬隻，到了第六代可高達六萬兩千五百萬隻。當然，以上這些計算，未考慮自然死亡因素，那在自然情形下又如何呢？到底實際存活率有多

$$開頭的蟲數\times\left(1隻的產卵數\times\frac{雌蟲數}{雌蟲數+雄蟲數}\right)^{世代數}=兩代後的雌、雄蟲總數$$

即 $2\times(200\times0.5)^2=20{,}000$ 隻

少?在此就以不算害蟲、而且一年只發生一代的姬春鳳蝶(*Luehdorfia puziloi*)在日本所做的調查結果略做探討。

就一千粒姬春鳳蝶的卵,著手調查它們的發育情形,孵化幼蟲數爲九百三十九隻,二齡幼蟲數爲六百六十一隻,三齡幼蟲數爲五百零八隻,四齡幼蟲數爲三百五十八隻,五齡幼蟲數爲一百五十七隻,化蛹數爲六十八隻,最後羽化的成蟲數,雌、雄蟲各爲十與十六隻。從開始的約一千粒,到最後完成發育的二十六隻,差別之大,充分反映了自然界的現實與蟲命的脆弱!也就是說,雖然一隻姬春鳳蝶雌蝶的平均產卵數約爲一百粒,到了次年,折損後的結果,牠們仍將以類似的隻數延續下去。至於在成長期間死亡的原因,除了受到風吹雨打等氣候因素影響外,還有寄生性天敵的攻擊、被捕食、找不到食物、因食物不足而發育中止等等。

由此可見,動物們在自然條件下,求生存並繁衍後代,有多麼不容易,但牠們仍然能夠克服困難,達成延續後代的目標,單是這點,就夠令我們驚訝並且折服了。

邊飛邊產卵的蝙蝠蛾

人們常說「天下無不是的父母」,其實未必,特別是現代社會變動大、人際關係趨於複雜,家庭及親子關係受到衝擊,教養行爲偏差者大有人在。無獨有偶,昆蟲的社會裡也有一些看似「不甚盡責」的無情母親！

例如前一單元介紹的蝙蝠蛾類，母蟲邊飛邊產卵，孵化的幼蟲不得不自求多福。像分布於澳洲、外形美麗的天堂蝙蝠蛾（*Aenetus* spp.），母蟲把卵撒在土表，幼蟲孵化後，便自行尋找桉樹，蛀入樹幹而生活，但若遇到喜歡取食該幼蟲與蛹的鸚鵡等鳥類，勢必難逃一死。

樹精蛇目蝶（*Minois dryas*）的母蝶也在空中撒卵，牠將卵撒在可當幼蟲食物的禾本科雜草的草叢裡，類似情形也見於腹紋蛇目蝶（*Lopinga achine*），母蝶也將卵撒在禾本科植物上。但這些蛇目蝶母蝶到底產多少粒卵，至今尚未有確切的觀察資料。屬於蛺蝶科的綠豹紋蝶（*Argynnis paphia*），母蝶也相當無情，在秋天的產卵期，母蝶會飛到幼蟲食物堇草附近的樹林，把卵產在樹皮上，翌春，孵化的幼蟲得自己爬下樹幹，到林床的堇草上取食。剛孵化的幼蟲體長不足二公釐，對牠們而言，即便數公尺的路程，也是一段很艱苦的旅途。

竹節蟲母蟲的撒卵行爲也赫赫有名，牠們的產卵數約爲一〇〇~五〇〇粒，不算多產型，爲了彌補這個缺點，竹節蟲的卵大多僞裝成某些植物種子的形態，因此撒到地上的卵還能騙過肉食動物，避免被取食。從這個角度看，母蟲其實用心良苦，若被當做不盡責的母蟲看待，似乎有點冤枉。

中美洲產的姬緣椿象科（Rhopalidae）中的 *Jadera aeola* 和 *J. obscura*，母蟲也屬於

撒卵型。牠們取食一種無患子科（Sapindaceae）蔓條植物的種子。成蟲取食蔓條上的新鮮種子，若蟲則以落到地面的種子爲食。成蟲大都生活在高達二、三十公尺的樹冠上，並在此產卵，讓卵掉到地上，孵化的若蟲得自力更生地在地上找食物。牠們爲何如此分割成蟲期與若蟲期的食物？或許成蟲是爲了避免與若蟲搶奪食物，才飛上樹冠生活。樹冠上的種子雖然新鮮，但未成熟的種子，爲了避免動物取食，往往含有一些忌避或有毒的成分，成熟後這些成分在種子內分解或由植物體回收，該蔓藤植物種子的情形如何，不得而知，說不定成蟲所取食的是品質和味道較差的食物，而將品質較好的留給若蟲。

值得注意的是，撒卵型母蟲自數公尺至數十公尺的高處撒卵，這些卵殼都比較硬、不容易撞壞。從這點來看，母蟲還是爲後代設想周到，說牠完全不負責任，好像有失公道？此外，撒卵型母蟲因爲多產，產的都是小卵，除部分竹節蟲的卵外，直徑都在一公釐以下，這些小卵從高處落下時，受到空氣的浮力的作用，落地速度較慢，這可能也是這些昆蟲敢用空中撒卵策略的原因吧！

蠼螋是昆蟲中的模範母親

屬於革翅目的蠼螋，已知種類近二千種，尾端有鉗狀的夾子，母蟲素以對後代的照顧行爲而聞名。探討牠們如何照顧後代前，先介紹台灣可見、也廣泛分布於全球各地的海灘蠼螋（*Anisolabis maritima*）的情形。

海灘蠼螋常見於平地、海邊略爲潮濕的石頭、花盆、廢棄物下，春天，翻開這些東西時，常可發現正在保護卵塊的母蟲。母蟲通常在石頭下挖個淺洞，產下七十～八十粒卵，產完後留守保護它們，若撥開石頭干擾母蟲，牠會舉起鉗狀的尾端，採取威脅的姿勢。由於牠只要保持適當濕度就很容易飼養，不妨連卵帶回母蟲，在室內詳細觀察牠的照顧行爲。

雖然母蟲先把卵散放在洞裡，看似漫不經心，但之後牠便把卵集中在一處形成卵堆，然後停在卵堆上或旁邊，有時還以口器、前腳改變卵的位置，或用小顎及小顎鬚轉動卵粒。若將卵堆散開，母蟲會以觸角到處摸索，重新蒐集卵粒，再做成卵堆，一副護卵心切的模樣。

遇到外敵入侵時，母蟲會舉起腹端驅趕害敵，敵不過時，則以口器含著卵粒移動，或乾脆放棄卵堆逃走。當洞內的溫度、濕度不適合生活時，母蟲還會含著卵粒搬家。雖然對入侵者有明顯的抗拒行爲，但母蟲似乎不能區別自己與別隻母蟲的卵，若

海灘蠼螋

趁牠不注意，以別隻母蟲所產的卵更換，牠仍會以爲那是自己的卵，而認眞地照顧。更有意思的是，有時未交尾的雌蟲還會產卵並照顧它，由於這些卵是未受精卵，不會孵化，因此最後都被母蟲吃進肚子裡。此外，母蟲也會吃掉在照顧中受傷而沒希望孵化的受精卵。

經過約十天，若蟲將孵化時，母蟲會把卵排平，好讓若蟲容易從卵殼出來。剛孵化的若蟲有明顯的群集性，常群集在母蟲身旁；但到了第一齡期後半，便陸續離開，自立生活。當一齡若蟲離開後，母蟲恢復原來的生活，繼續尋偶、交尾、產卵，但似乎最多產三次卵就壽終而死。

母蟲對卵塊這樣的仔細照顧到底有多少效果？由於母蟲產卵的場所是有機質豐富的地下，若沒有妥善的照顧，卵容易發霉，濕度過高時卵會腐爛，過乾時也會乾枯。因此母蟲的工作，除了對入侵者做防衛外，還要保持卵的清潔。實驗室中，在無菌條件下照顧卵塊，可以獲得與母蟲照顧時相同的孵化率，甚至只用細毛刷清潔卵的表面，也可以獲得類似的結果。但不同的是，母蟲舔食卵的表面時，唾液分泌一種抗菌物質，能讓卵保持適當的溫度、濕度。

有一種溫帶地域的蠼螋——瘤蠼螋（*Anechura harmandi*）也和海灘蠼螋一樣，母蟲照顧後代到一齡若蟲期中期，不過該種是一次產卵性，到了此時，母蟲即告死亡，若蟲則取食母蟲的屍骸維生。瘤蠼螋母蟲照顧行爲的另一大特徵是，牠的排斥性不高，雖然遇到螞蟻接近卵塊，牠會把入侵者趕到外面，但當另一隻雌蟲闖入並以鉗狀器威脅時，牠竟然接納闖入者，有時甚至將本來各自保護的卵堆集在一起，共同照顧新形成的大卵堆。母蟲對雄蟲也相當大方，在照顧卵堆時，不但不太介意雄蟲出現，還會與牠交尾，不像別種蠼螋，交尾後會把雄蟲趕出巢外。這種與雄蟲同居的習性，可說是瘤蠼螋特有的現象。

母蟲對卵的照顧行爲不只見於蠼螋，在一些椿象類身上也觀察得到，螻蛄的親代照顧習性也相當有名。此外，雌蟲無翅呈蠋蛆狀的西表螢（*Rhagophthalmus ohbai*）在二、三個月的壽命中，只產一個約由三、四十粒卵形成的卵塊，母蟲彎曲毛蟲般的身體來保護卵塊，照顧孵化幼蟲長到第一齡中期爲止。看來，昆蟲界裡還是有不少模範母親。

天牛打造自己的產房

早春時節，在被砍伐的杉木、檜木上，常可看到赤褐色、體長約一公分的天牛，那應是姬杉天牛（*Callidiellum rufipenne*）。牠四處走動，並利用比體長略短、且向斜前方伸出的黑色觸角，在木材樹皮上不斷觸摸，尋找可以產卵的地方。雌蟲一找到略爲剝開、有細縫的樹皮傷口，便從腹端伸出產卵管插入，將身體左搖右晃，產下兩、三粒卵，歷時約兩、三分鐘。這是天牛類多種產卵方式中最簡單的一種。

先來瞭解一些天牛的產卵數吧。天牛的產卵數雖然依母蟲體型大小、生活史長短，甚至調查方法而有所不同，但平均產卵數大致如下：薄翅天牛（*Megopis sinica*）二百粒、星斑天牛（*Anoplophora macularia*）二百粒、虎斑天牛（*Xylotrechus chinensis*）一百五十粒、松斑天牛（*Monochamus alternatus*）一百粒、杉天牛（*Semanotus japonicus*）一百粒、桑天牛（*Apriona japonica*）六十粒、深山天牛（*Massius raddei*）五十粒、姬杉天牛五十粒、琉璃天牛（*Bacchisa fortunei*）二十五粒及菊花天牛（*Phytoecia rufiventris*）二十粒等。與其他昆蟲相比較，天牛確實算是產卵數較少的。

正如〈邊飛邊產卵的蝙蝠蛾〉（見202頁）單元中提過的，昆蟲的產卵數與母蟲產卵前後所下的工夫極有關係。像鳳蝶、紋白蝶的母蝶直接將卵產在幼蟲的寄主植物上，產卵數可達上百粒，但天牛母蟲爲了保證卵的安全，用大顎在寄主植物的外皮上進行「產卵加工」處理，耗費不少時間及精力，產的卵自然比其他昆蟲少。再者，大多數的天牛幼蟲孵化後，就蛀入堅硬的木質部取食，具備大型的大顎及結實的身體勢在必行，因此天牛母蟲必須生產較大型的卵，這也使得天牛的產卵數較少。

若詳細觀察，不難發現天牛的大顎可分爲兩大類，一是粗天牛亞科的大顎，大顎與體軸垂直，且完全向下，叫做「下口式」；另一類是其他天牛亞科的大顎，向前下方與體軸略呈一百三十度，叫做「斜口式」。下口式大顎比斜口式粗壯，適合咬食堅硬的東西。事實上，大顎形狀的差異也影響母蟲產卵時的加工情形。

一般來說，天牛對產卵場所的加工方式可以分爲以下五型：一、直接產卵於樹皮裂縫或半剝離樹皮下的無加工型，多種斜口式天牛屬於這種。二、以大顎在樹皮上形成小型傷口，在此產卵。三、先形成較大範圍的咬痕，在咬痕內再做一個小傷口，在此產卵。四、在枝條、莖部先形成兩條環狀傷痕，再於兩條傷痕間做一個小傷口，在此產卵。五、在樹皮形成U字狀傷痕，再在此下端產卵。

屬於第二型的天牛，多見於朽木或活樹上，其他三型加工方式，則見於在生長中的木本或草本植物上產卵的天牛。例如長角天牛（*Xenohammus* spp.）、松斑天牛之類，先在寄主植物樹皮上形成長一～二公釐的傷口，並在此產下一粒卵。又如星斑紅天牛（*Eupromus ruber*），先在朽枝上形成約三公釐寬、六公釐長的橢圓形傷痕，再在傷痕內做五～十個小傷口，並在每個傷口產下一粒卵。菊花天牛則在莖的頂端下方約十公分處，以約一公分的間隔形成兩條傷痕，然後在傷痕間做幾個小傷

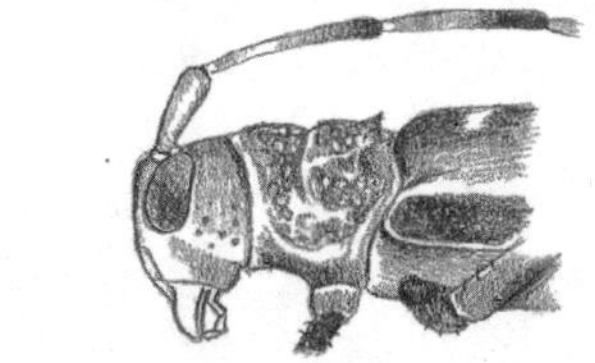

粗天牛亞科的大顎是「下口式」

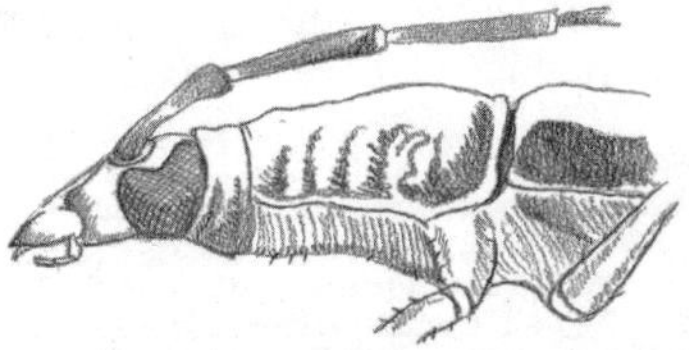

其他天牛亞科的大顎是「斜口式」

口，在各個傷口產一粒卵。

大顎呈下口式的琉璃天牛屬於第五型，牠先在薔薇科植物的細枝上製造寬五公釐、長十公釐左右的U字型傷痕，再在此下端部形成更深的傷口，在此產卵。以木麻黃、柑桔害蟲而著名的星斑天牛，則利用粗壯的大顎在活樹離根際部略高處，形成橫長的溝狀傷口而產卵。一般來說，加工程度愈徹底且複雜的種類，產卵數愈少。

其實口器是下口式或斜口式，也影響幼蟲的生態。天牛幼蟲身體柔軟呈細長圓筒型，適合蛀入材質部，形成隧道。經過五齡的幼蟲期後化蛹，老齡幼蟲以口器擴大隧道的一端，形成蛹室，然而蛹在蛹室內的姿勢因下口式或斜口式而不同。下口式天牛的蛹，頭部通常與蛹室出口呈反方向；斜口式天牛的蛹，頭部則朝向入口。因此，下口式天牛的蛹羽化後，仍能以粗壯的大顎穿出木材到達外界；大顎不甚發達的斜口式天牛，必須利用幼蟲期形成的舊隧道才能到達外界。不但如此，口器的型式也影響到成蟲期的食性。下口式天牛利用發達的大顎取食枯木、活木的樹皮及樹葉、草本植物的莖部等固體物質；斜口式天牛則以樹液、果汁、花蜜等液體爲主要食物，偶爾取食花粉之類的固體食物。

捲葉象鼻蟲編織搖籃的手

野外的路旁，常可發現小巧玲瓏的葉苞，這些是捲葉象鼻蟲爲了孵育後代所製作的搖籃。在甲蟲中，捲葉象鼻蟲是與象鼻蟲類緣關係很近的一群，體長頂多一公分，複眼在頭部前方、明顯突出，觸角第九至十一節略爲膨大呈球狀，前胸部比頭部寬大，腳相當發達。由於母蟲爲幼蟲製作搖籃，故有「搖籃蟲」的別名。

在此就以姬黑捲葉象鼻蟲（*Apoderus erythrogaster*）爲例，介紹母蟲製作搖籃的過程。姬黑捲葉象鼻蟲是體長約五公釐的小甲蟲，在新葉萌出的初春，母蟲利用青岡樹的嫩葉爲幼蟲製作搖籃。母蟲先爬行在嫩葉的葉面上，彎曲下唇鬚觸摸葉面，檢查葉片是否適合當幼蟲的食物，然後爬到葉緣上，不時將前腳脛節伸到葉片腹面，以腿節用力夾著葉片，調查葉片的硬度，之後再用大顎切斷葉片。至於牠如何測定葉片的長度並決定咬斷的方向，至今還是個謎。

姬黑捲葉象鼻蟲的咬工是一流的，牠先從葉片近中央的葉緣，向葉脈的主脈筆直地咬斷葉片，接著咬斷相反方向的葉緣，切斷面剛好呈一直線（如212頁圖A）。先在連結葉片上、下兩部分的主脈部咬幾口，使下半段的葉片稍微枯萎變軟，然後在下半段的主脈、葉肉部製造一些咬傷，使這部分變得更柔軟，再把左、右兩側葉片向內折（如圖B），並咬傷主脈等折疊部位，讓它變得更軟。接著母蟲移位到葉端部，往上

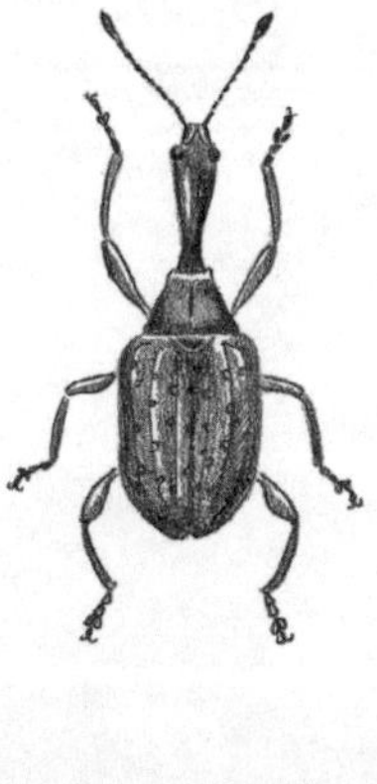
捲葉象鼻蟲

捲葉象鼻蟲製作搖籃的順序

（由A至D進行）

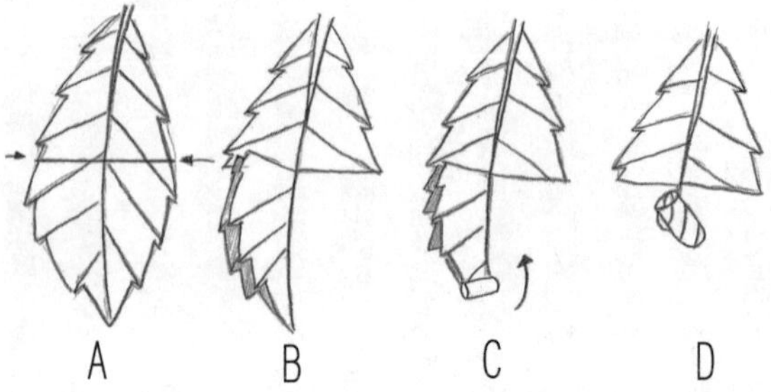

方捲起葉片（如圖C），大約捲兩捲後略爲休息一下，再在已捲好的部分咬出一個開口，反轉身體產下一粒卵，然後重新開始捲葉的工作，捲到下半段葉片呈圓筒形爲止（如圖D），最後修整從圓筒突出來的葉片部，把它折進裡面，終於完成搖籃的製作，整個過程歷時約一個半小時。雖然母蟲用的嫩葉大小不一，完成的圓筒型搖籃的長度不一致，但直徑卻是一定的。牠爲何能夠做出一定直徑的圓筒呢？這又是未得其解的另一奧秘。

有些捲葉象鼻蟲母蟲製作的搖籃，會以葉片主脈懸吊在未被利用的前半段葉片下面；但姬黑捲葉象鼻蟲製作的搖籃，完成不久就掉落在地面，搖籃中的卵約一個星期後孵化，不到一個月，完成幼蟲期的發育而化蛹，經過十天的蛹期羽化爲成蟲，發育可謂十分迅速。也就是說，在搖籃尚未完全腐爛前，牠們已完成搖籃中的生長階段了。

由於發育快速，牠們的幼蟲通常在寄主植物的新葉期，可以完成兩個世代，但新葉期過後的夏天、秋天，甚至冬天，牠們到底如何生活、如何過冬，反而被大家所忽略，至今甚少看到這方面的調查報告。全世界已知約有三千種捲葉象鼻蟲，但台灣已知的種類不到二十種，相信只就這方面著手調查，還可以發現許多新種。

既然捲葉象鼻蟲製作搖籃的目的是產卵、養育後代，那麼搖籃對幼蟲有怎麼樣的保護及養育效果呢？打開已有卵粒的搖籃，取出裡面的卵，將它放在與搖籃相同樹種的葉片上，並收容於塑膠盒中，防止卵變乾。此時會發現一半以上的卵已發黴，或者卵的表面出現凹陷無法孵化，即使孵化，部分幼蟲發育到第二齡就宣告死亡。這是因爲捲葉象鼻蟲的幼蟲沒有腳，身體是略呈C字的蛆形，在平面的葉片上不僅不能移動，也不能取食。但當幼蟲被包在葉片做的搖籃中，不僅能避開害敵、微生物的攻擊，防止感染，還可維持容易取食的姿勢。

另一個有意思的問題是，雄蟲既然無須製造搖籃，也沒有這種習性，那麼形態是否有別於雌蟲？捉來同種的捲葉象鼻蟲的雌、雄蟲做比較，即知雌蟲的口器比雄蟲大且發達，後頭部也比較大；雌蟲的前胸部比雄蟲大，腳部尤其後腳的腿節及脛節，比雄蟲發達。其中脛節末端部特別粗大，而且有兩支銳刺，便於緊握葉片並將它捲起來。雌蟲的腿節呈直棒狀而粗大，雄蟲的腿節則呈緩弧狀。看來雌、雄蟲的形態，與牠們在習性及行爲上的差異，息息相關，如果從這個角度來觀察昆蟲，必然更能深入了解昆蟲的世界。

此外，搖籃的製作過程，仍有許多觀察的角度。例如，將一隻正在製作搖籃的母蟲移走，換上另一隻母蟲，讓牠待在未完工的搖籃前，看看會發生什麼情形？新的母蟲或許會覺得撿到便宜，把它佔爲己有，在此產卵，完成搖籃。但從一些試驗也發現，有的母蟲會嫌棄未完工的搖籃，不辭辛勞地去找新葉片，做自己的搖籃。原來有些捲葉象鼻蟲固守著自己的一套製作順序，不屑接手別人的作品！

蝴蝶的母愛比一比

說到蝴蝶，讓人想到的常是彩蝶翩翩起舞的浪漫身影，其實浪漫的背後，仍有著一連串爲生存、爲繁衍而奮鬥的行爲。

先來看看母蝶產卵時的大致情形：通常母蝶先用眼睛（視覺）和觸角（嗅覺）尋找可當幼蟲食物的植物，找到後，用觸角及前腳末端的味覺器觸摸葉片，尤其新芽、嫩葉，以確認是否適合產卵，最後才彎曲腹部，產下一粒卵，黏在葉片上。數天後卵孵化時，嫩芽也已長大，恰好提供幼蟲充分的食物。不過由於蝴蝶種類多達一萬三千多種，產卵的習性及母蟲對後代的照顧行爲，自然也呈現多姿多樣的面貌。

就先從較不負責的母蝶介紹吧！蛇目蝶可說是此中的代表。蛇目蝶因爲在翅膀上有蛇眼般的斑紋而得此名，已知大約有三千多種，幼蟲大多取食竹子、蘆葦、芒草等禾本科植物；雖然大部分的母蝶和其他蝴蝶一樣，將產下的卵黏在幼蟲要取食的葉片上，然而也有像樹精蛇目蝶、莫氏波紋蛇目蝶（*Ypthima motschulskyi*）的母蝶，停在幼蟲食物的葉片後，直接將四~五粒卵撒在地上。這些母蝶爲什麼那麼無情？至今無人知曉。只知牠們的卵比其他蛇目蝶的卵大，而且幼蟲以禾本科和萱草科植物爲食物。

另外，蝙蝠蛾母蛾更以無情媽媽而聞名，牠邊飛邊空投，撒卵在樹林間。關於蝙蝠蛾的「卵海策略」在前面的單元已詳細介紹（見202頁），在此不再重提。前述兩種蛇目蝶母蝶一生到底產下多少粒卵？由於牠們的產卵行爲太特殊而無法詳細調查，至今似乎未見相關的調查記錄。

雖然如此，在龐大的蝴蝶種類中，負責的母蝶也不少，例如蛺蝶科中的八重山紫蛺蝶（*Hypolimnas anomala*）。此蝶的幼蟲取食蕁麻科（Urticaceae）的岩金屬（*Villebrunea* spp.）植物葉片而長大。母蝶飛到寄主植物的葉片後，在此停留兩至三天，產下數百粒卵。產完卵後，一直守在卵塊旁，直到卵孵化。其間若有其他蝴蝶接近，牠就立即展開翅膀，彷彿要蓋住卵塊，保護卵塊。八重山紫蛺蝶母蝶會這麼竭心盡力地保護卵塊，是因爲牠一生只產一個卵塊！

又如台灣中南部高山地區四至六月間常見的紅小灰蝶（*Japonica lutea*），幼蟲的食物是山毛櫸（*Fagus* spp.）、櫟（*Quercus* spp.）類的植物，母蝶在樹的小枝條分叉處隙縫，產下一、兩粒直徑不到一公釐的饅頭型卵，再利用腹端蒐集落在卵周圍自己的鱗毛和塵埃來蓋住卵，卵便在鱗毛、塵埃的保護下，渡過夏、秋、冬，直到翌年寄主植物萌芽時才孵化。

不分布於台灣的諸侯挵蝶（*Daimio tethys*），由於幼蟲食物是姑婆芋的葉片，母蝶就在姑婆芋葉上產下一粒黃褐色的卵，並用腹端一直磨擦卵粒，讓腹端的毛附在卵上，讓卵看來像一小塊塵埃。母蝶產完卵後，腹端因此就變得光禿禿；而產卵後期所產的卵自然也就較少受到腹毛的保護了。

另一種特殊的護卵方式，可見於單帶挵蝶（*Parnara guttata*），幼蟲就是被稱爲稻苞蟲的著名水稻害蟲。母蝶產卵在水稻葉片上，孵化的幼蟲以吐絲方式將數片稻葉綴成一個苞，在苞中取食稻葉長大。雖然牠們從早春到秋天，在水稻種植期間如此生活，而且飛翔力強，可以輕易飛到各處稻田產卵，不過牠們還備有另一套存活策略，就是也會就近在禾本科的雜草上產卵。尤其在溫帶地區，一年只種植一次水稻，秋季水稻收穫後，牠們便飛到雜草上渡過一個世代，等候翌年晚春來臨的水稻栽培期。

但芒草、蘆葦等禾本科的雜草葉片較硬，挵蝶幼蟲爲了取食，必須具備較大型的大顎，因此也需要大型的頭部和體型。爲了讓幼蟲能取食硬葉，母蝶必須產下大型的卵，於是母蝶採用以下的策略：春、夏間在稻葉上產體積約爲○．一五立方公釐的卵，孵化幼蟲的頭寬爲○．五公釐；秋天在茅草上產體積超過○．二一立方公釐的卵，孵化幼蟲的頭寬達○．六公釐以上。不過，夏天在稻葉上長大的幼蟲，如何知道自己變爲成蟲產卵時，要產比牠孵化時更大的卵呢？謎底至今仍未揭曉。

食蚜虻爲幼蟲預卜未來

食蚜虻是在花朵上常見的昆蟲，成蟲雖以花粉、花蜜爲食，但幼蟲以捕食蚜蟲維生，故有此名。除食蚜虻幼蟲外，草蛉幼蟲、瓢蟲等也是蚜蟲的天敵。食蚜虻幼蟲的移動性、捕食能力，通常都比草蛉幼蟲、瓢蟲差，因此食蚜虻母蟲爲了確保幼蟲的存活，在產卵時下了一番工夫。在此以日本京都附近所做的有關細食蚜虻（*Episyrphus balteatus*）觀察結果爲例，介紹細食蚜虻母蟲的產卵策略。

細食蚜虻以成蟲越冬，到了三、四月，飛到楓樹上，在蚜蟲群集上產卵。楓樹上的蚜蟲以卵越冬，第一代蚜蟲若蟲在三月上旬孵化，牠們聚集於新芽，形成小群集；三月下旬，長大爲沒有翅膀的成蟲。到了第二代若蟲，蚜蟲群集逐漸增大，在發育後期的四月中、下旬，牠們變成有翅膀的成蟲，飛去尋找別的寄主植物。因此，楓樹上的蚜蟲群集到了五月上旬就會消失。細食蚜虻母蟲若盲目地產卵在楓樹上的蚜蟲群集，當蚜蟲群集消失，食蚜虻幼蟲也將面臨斷糧的危機。

就食蚜虻而言，牠自三月下旬開始產卵，此時在一個蚜蟲群集平均只產一．六隻，此後產卵數急速增加，至三月下旬，蚜蟲數到達最高峰的十一天前，食蚜虻的產卵數已先達高峰，此後卻急速減少。食蚜虻的產卵期約有三星期之久，在蚜蟲數量的第二高峰期，楓樹上的蚜蟲群集卻看不到食蚜虻的卵，因爲食蚜虻已轉移陣地，改在其他植物的蚜蟲群集上產卵。

從楓樹上蚜蟲數的變化來看，蚜蟲群集大致可分爲以下四型：一、雖是小型群集，但由於蚜蟲若蟲的遷入，群集有變大的潛力（出現於三月上旬至中旬）；二、成員數正在增加的群集，此時若蟲頻繁地遷入，發展潛力大（出現於三月下旬）；三、已是成員數相當多的群集，但在有翅型成蟲出現不久即消失（出現於四月中、下旬）；四、完全發達的大型群集，依成蟲的分散而將面臨消失（出現於四月下旬、五月上旬）。調查食蚜虻母蟲在四型蚜蟲群集的產卵率，結果發現，在前兩型群集的產卵率各爲百分之三十九·七與百分之五十八·八，第三型上只有百分之一·五，至於第四型群集則不產卵。一般來說，食蚜虻母蟲喜歡在由一～三隻蚜蟲形成的小型群集上產卵，並在此產下一、二粒卵。從這裡可以看出，群集的擴大潛力，是食蚜虻母蟲選擇產卵時的考量條件。

但在小型的群集上產卵，對食蚜虻的幼蟲是否太冒險了？吃掉一、兩隻蚜蟲後，食物是否就沒有著落了？的確如此，楓樹上蚜蟲群集存在的時間大約只有五十天，上述四型群集各階段的存留期間，前三型皆爲六～八天，最後一型卻只有二～三天。反觀在攝氏十八度下飼養細食蚜虻時，平均卵期爲二·三天，幼蟲期爲九·三天，自卵到化蛹約需十二天。細食蚜虻幼蟲爲了順利發育，孵化後至少要捕食一隻蚜蟲，否則將衰弱而死，但剛孵化的幼蟲無法捕食體型比牠大、且外骨骼已硬堅的蚜蟲成蟲，只能捕食小若蟲。產卵於第一或第二型蚜蟲群集，較容易吃到若齡若蟲。因此母蟲選擇前兩型。若產卵於第三或第四型群集，雖然群集較大，但不易發現若齡蚜蟲，加上蚜蟲成蟲不久便陸續離開，剛孵化的細食蚜虻幼蟲遭到斷糧的可能性，遠比產卵在第一或第二型群集時大。

可見，母蟲對產卵場所的選擇，還是著眼於幼蟲的存活。其實細食蚜虻母蟲考慮蚜蟲群集前途而產卵的策略，不只用在楓樹上，也用在蚜蟲轉換到新寄主植物後。在黑食蚜虻（*Betasyrphus serarius*）等數種食蚜虻上，也可以觀察到這種預測性的產卵策略。

食蚜虻母蟲的產卵特異功能還不止於此。例如台灣大食蚜虻（*Metasyrphus confrator*）專吃寄生在竹子上的竹角蚜（*Pseudoregma bambucicola*），但母蟲不把卵產在蚜蟲群集旁，而產在竹子間的舊蛛絲上，雖然此時已不見蜘蛛，但蛛絲還有一點黏性，孵化的幼蟲必須小心翼翼，才能走到蚜蟲的群集。台灣大食蚜虻的母蟲爲何做出這種替後代添麻煩的事？原來竹角蚜會生產攻擊食蚜虻幼蟲的兵蚜，關於兵蚜的介紹，請參閱拙著《黑道昆蟲記》下冊第十二～十五頁（玉山社出版）。

群集中的竹角蚜兵蚜，若發現食蚜虻的卵，會用粗壯的前腳握緊它，以頭上的一對角刺死它，因此食蚜虻母蟲只得選擇距蚜蟲群集一段距離的地方產卵。剛孵化的幼蟲，體表被蓋了一種油性分泌物，能和蜘蛛一樣不被蛛絲黏到，而順利通過蛛絲。不過，孵化幼蟲萬一走錯了路，蛛絲的另一端沒有竹角蚜群集時，可能就凶多吉少了。無論如何，台灣大食蚜虻因爲有了母蟲的呵護，卵才能避開兵蚜的攻擊。

椿象依照顧能力而產卵

提到母蟲對後代的照顧行爲時，一些昆蟲書籍常舉螻蛄、蠼螋、糞金龜、埋葬蟲等爲例，這些昆蟲都在土中造巢產卵，拜環境之賜，目標不那麼明顯；至於生活在植物體上，目標顯著、較易受到天敵攻擊的昆蟲，牠們的母蟲對後代的照顧又如何？

目前至少已知十三科、兩百種以上的椿象母蟲，都有照顧後代的行爲，在台灣就曾出現關於紅盾椿象（*Cantao ocellatus*）照顧後代行爲的報告。在此以廣泛分布於東南亞的寬腿緣椿象（*Physomerus grossipes*）爲例，介紹緣椿象母蟲對後代的照顧情形。

寬腿緣椿象的名字來自於雄蟲後腳粗壯、彎曲、有刺；在爭雌戰役中，雄蟲常利用強有力的後腳腿節夾住對手。寬腿緣椿象通常在空心菜等旋花科植物上形成群集，群集由多數成蟲、若蟲所組成，其中有一隻居於優勢地位的雄蟲，牠會以腿節攻擊其他雄蟲，或妨礙其他雄蟲交尾。母蟲交尾後便離開空心菜，移至附近藺草等雜草上，產下一個卵塊。卵塊中的卵粒數，依母蟲體型大小而異，大多在六十至一百粒之間，平均爲八十三．二三粒。這是母蟲剛好能用身體蓋住卵塊的卵數。在大約二十天的卵期，母蟲都趴伏在卵塊上保護著。

緣椿象卵塊容易受到黑小蜂科的*Gryon* sp.、長小蜂科的*Anastatus* sp.等卵寄生蜂的攻擊，當這些卵寄生蜂靠近緣椿象卵塊想要產卵寄生時，趴在卵塊上的母蟲立即改變身體方向，用後腳踢開寄生蜂。若用細竹絲刺激母蟲，母蟲也會做出相同的動作。若將母蟲移走，卵塊馬上遭受寄生。從試驗得知，在母蟲陪伴的保護區下，只有約百分之三十的卵被寄生，若移走母蟲，超過百分之八十會被寄生。可見母蟲的保護行爲，對於遏阻寄生蜂相當有效。

除了卵寄生蜂，另一個可怕的天敵是一種雙節蟻*Tetramorium bicarinatum*。這種螞蟻成群來襲，母蟲對牠們的攻擊毫無招架之力，即便在母蟲的保護下，百分之七十以上的卵仍然活生生地成爲螞蟻的供品。

當卵塊中的卵孵化後，母蟲仍會持續著保護行爲。多種椿象的一齡若蟲是不取食的，寬腿緣椿象也不例外。若蟲在大約五天的一齡期，聚集在孵化場所——母蟲身旁，經過第一次蛻皮進入二齡若蟲期，然後成群結隊地，移到可當食物的旋花科植物上，母蟲也跟著回去。

母蟲從產卵、卵孵化至後代第二齡若蟲期這段期間，爲何要離開旋花科植物呢？可以推斷出以下三項理由：一、具有群集性的椿象，當新生若蟲在旋花科植物上形成群集後，其他成蟲、若蟲也陸續加入，大量的取食吸汁，勢必讓空心菜、牽牛花等寄

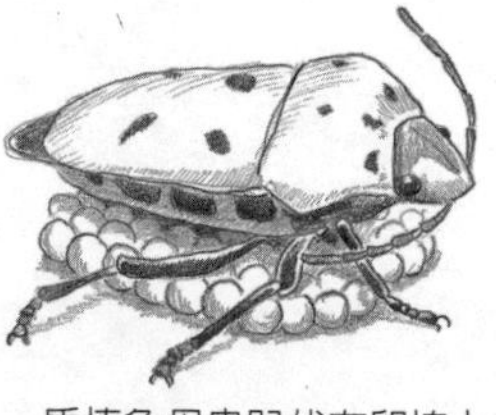

盾椿象母蟲趴伏在卵塊上保護

主植物吃不消，而逐漸枯萎，致使椿象後代面臨食物短缺的困境。二、食草附近有不少交尾期的雄蟲，牠們想跟母蟲交尾，常干擾母蟲的護卵行爲。三、多種旋花科植物具蔓性且長在濕地，常遇到熱帶性豪雨的侵擾，爲了避免水災，不得不移到地勢較高的藺草上產卵。

照顧期間，母蟲的犧牲也很大，從護卵至後代長到第二齡若蟲，歷時大約二十五天。從網室試驗結果得知，母蟲的平均壽命爲六十二．一天，羽化後經過三十一．七天才產下第一個卵塊，剩餘的三十．四天則大致用於照顧後代。一隻母蟲所產的平均卵塊數爲一．五個，一次產下的卵粒數，絕不超過能保護的範圍，因此一隻母蟲產下的總卵數不過一百二十粒左右。然而，在沒有保護下，卵的被寄生率既然高達百分之八十，母蟲因而減少產卵次數及卵粒數，將多出來的時間和精力用來保護卵，算是很划得來的措施。

不過，跟分布於溫帶、也有護卵行爲的黃紋角椿象（*Sastragala esakii*）、姬角椿象（*Elasmucha putoni*）相比較，熱帶地區的寬腿緣椿象受到干擾時，較容易丟下卵塊離開。詳細的原因至今未明，但可猜想的是，熱帶地區溫度較高，若蟲幾乎終年可以發育，食草也不虞缺乏，如遇害敵，乾脆放棄現有卵塊，再產另一卵塊，不必冒太大的危險去保護。

雖說母蟲對卵的護卵行爲，原是爲了避免卵寄生蜂攻擊卵塊，而寬腿緣椿象或一些角椿象的母蟲，對卵寄生蜂的攻擊也確實頗具防禦效果。不過也有反例，例如分布在南美的一種椿象*Antiteuchus tripterus*，卵塊如果沒有母蟲保護，馬上會遭到螞蟻的嚴重捕食，但母蟲在時，卻又會誘來兩種卵寄生蜂，而且儘管在母蟲的保護下，也不會降低卵寄生蜂的寄生率，甚至還會使寄生率提高。爲了對付螞蟻的捕食，該種椿象發展出堅硬的卵殼，但這種卵殼卻又無法抵擋寄生蜂產卵管的穿刺，眞是「一物剋一物」啊！

糞金龜爲孩子準備糞便大餐

談到糞金龜，人們馬上聯想到埃及的聖糞金龜（聖甲蟲）。古埃及時代，隨著王朝更替，象徵各王朝的糞金龜種類也不同。已知至少有六種糞金龜被用來做象徵。其中較具代表性的，應是公元前二二四五～六三三年，第十～二十五王朝所用的聖金龜（*Scarabaeus sacer*）。牠的半月狀頭部前緣具有鋸齒楯狀部，古埃及人將牠視爲創造、再生（復活）、不死等生命的象徵。

糞金龜產卵數不多。只有十～二十粒，甚至不到十粒，在昆蟲界中算是少得可憐的。昆蟲的產卵數之所以有極大的變化，原因不外乎母蟲對後代照顧程度的差異。例如前面有關蝙蝠蛾的單元（見202頁）曾經談到的蝙蝠蛾母蟲產卵時，一邊飛翔一邊將

糞金龜的四種產卵形式

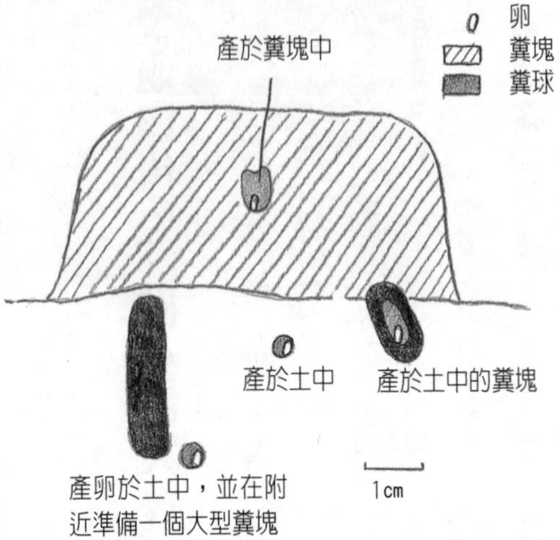

卵撒在地面；若追究牠對後代盡的責任，頂多就是把卵撒在有幼蟲寄主植物的地方罷了。但糞金龜幼蟲卻如天之驕子，牠們在父母共同呵護下，受到良好的照顧。

糞金龜對後代的照顧行爲或對糞塊的處理方式，大致分爲以下五類：

一、在地面的糞塊中做成球狀的卵室，在裡面產一粒卵，但偶爾也把卵產在成蟲走動的隧道中。幼蟲孵化後，取食地面的糞塊而長大。

二、在糞塊下的土中製造卵室，並產一粒卵，幼蟲孵化後，遷移到卵室上面，取食地上的糞塊。

三、將少量糞球埋在土中後產卵，此時糞球在土中的深度多不超過三公分，因此糞球上部幾乎與地面的糞塊接觸。母蟲在地面造一個淺洞，在洞的內側塗上糞便做成卵室，產一粒卵後，以糞便封閉洞口。孵化幼蟲先取食周圍的糞塊，至第二、三齡時移到地面繼續取食。

四、母蟲先在土中產卵，並在卵附近埋進一個長二．五～四．五公分，直徑一．一～一．八公分，有如香腸狀的大型糞塊，即母蟲先在糞塊下造個垂直洞（卵室），再在卵室底部產卵，並以糞塊填滿卵室，整個過程至少要花上四個半小時，最長需要十四個小時。孵化幼蟲只靠母蟲準備的糞塊即可完成發育，當糞塊不夠時才移到地面取食。

五、即所謂的竊盜性寄生者（kleptoparasite），此類大多是小型的糞金龜，侵入其他糞金龜已做好的卵室中產卵，孵化的幼蟲取食宿主準備的糞球而長大，有時甚至殺死宿主的幼蟲或卵。

除第五型屬特殊型態外，其他四型可分成產卵後母蟲不再特別照顧的（如第一、二型），及母蟲另外貼心準備糞球，作為孵化幼蟲食物（如第三、四型）的兩大類。

一般而言，母蟲對後代照顧行為愈發達的種類，有產卵數少、但產下大型卵的趨勢。調查各種糞金龜，得知產卵後不再照顧後代的第一及第二型中，身體愈大者，產下愈多的卵；有照顧習性的第三、第四型，則是所做的糞球愈大，產卵數愈少。無論如何，牠們對糞塊的加工程度、照顧後代的行為及產卵數，三者之間有何關係，是值得探討的問題。

由於糞金龜具有咀嚼式口器，因此被認為是從咬碎腐植質的腐食性金龜所演化來的，在演化過程發展出口器上的細毛，適合過濾水分較多的糞便。這種食性的改變各有利弊，先來看優點，糞便中含有不少動物在消化過程中未吸收利用的成分，營養價值通常高於腐植質，尤其蛋白質、碳水化合物及含水量，皆優於腐植質。缺點則是動物通常邊移動邊排泄，糞便只散落在活動的範圍裡，是一種可遇不可求的食物，況且排泄量也比腐植質少。另一個缺點是糞便的賞味期很短暫，因爲它極容易受到微生物等分解而變質，也會因爲太陽照射而脫水或被雨水沖掉。

總之，糞便雖然營養價値較高，卻是四處分散、可遇不可求、且利用時間短暫的食物資源。想要利用它，糞食性昆蟲必須克服一些困難。身體的小型化便是一種解決之道，因爲體型小，只需要少量的食物即可維持發育。前面提到的第一、二型，因爲孵化幼蟲在糞中發育、不受母蟲照顧，都算是較小型的種類。另一個解決方法是，母蟲事先替幼蟲備妥足夠的食物，並把卵產在不易受到干擾的環境中，此時若具有大型身體，母蟲較有利於做好各種保護後代的措施，因此第三、四型的糞金龜，體型都比較大。如此看來，糞金龜的食性、生活行爲決定了身體大小的想法，相當合理。

値得一提的親代照顧典範，應是卵胎生的蠅類，牠們把卵保護在母蟲體內，孵化後才把一齡幼蟲排出體外。因此當我們打死一隻活生生的肉蠅時，在牠肚子裡可以發現數十隻小幼蟲。蠅類中親代照顧最周到的，是以嗜眠症而惡名昭彰的催催蠅（采采蠅），牠們不但讓卵在肚子裡孵化，還把牠養育到成熟期，因此幼蟲一離開母體，便立刻潛土而化蛹。在已知的二十二種催催蠅中，有些種類的幼蟲甚至已帶著蛹殼出生，在母蟲如此體貼的照顧下，幼蟲的存活率自然較高。但母蟲一次只能養育一隻幼蟲，而且一隻雌蟲一生生育的幼蟲不到二十隻，催催蠅可說是典型的少產性昆蟲。

食屍者的育兒哲學

在有關非洲野生動物的影片中，常可以看見鬣狗、禿鷹等動物吃食動物屍體，這種現象有助於非洲原野恢復原狀。雖然台灣沒有鬣狗、禿鷹，但也有不少這類自然界的清道夫。我們常聽說農田或林野裡老鼠猖獗爲患，卻很少看到老鼠的屍體；在森林裡也一樣，可以聽到各種鳥的叫聲，看見牠們飛來飛去，但不常看到牠們的屍體。因爲屍體很快就消失了，然而屍體哪裡去了呢？其實早被一些屍食性昆蟲處理掉了，紅紋埋葬蟲（*Nicrophorus* spp.）就是其中之一。

這類屍食性甲蟲的英文叫做burying beetle，名副其實，充分表示牠們處理屍體的習性。雖然台灣也分布著如扁埋葬蟲（*Silpha* spp.）、矮埋葬蟲（*Catops* spp.）等約二十種埋葬蟲，但台灣至今似乎沒人研究牠們的生態、生活習性，其實埋葬蟲是研究昆蟲親子關係的好題材，在此略爲介紹歐美所做的埋葬蟲研究。

埋葬蟲成蟲主要取食脊椎動物的屍體，有時也取食無脊椎動物維生，但爲了繁

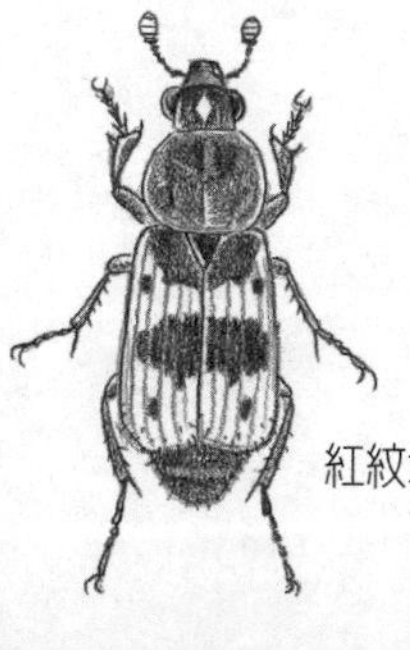

紅紋埋葬蟲

殖，原則上利用小型脊椎動物的屍體。當牠們發現適當屍體時，通常雌、雄蟲一起將它埋在土中，並拔掉屍體上的羽毛或體毛，清除蠅類的卵和蛆，塗上腹端分泌的分泌物，把屍體弄成一個褐色的肉丸。然後，雌蟲在置放肉丸的地下育幼室牆壁上產幾十粒卵，幼蟲孵化後會自己爬到肉丸上，先聚集到肉丸頂端的凹陷部，從這裡蛀入肉丸內部取食。親代成蟲一直留在育幼室內保護後代，直到幼蟲分散於土中化蛹為止。

話題再回到紅紋埋葬蟲。起初雌、雄蟲個別飛翔尋找屍體，雄蟲一發現屍體，會聳立身體分泌性費洛蒙，藉以引誘雌蟲，但此舉也會引來同種雄蟲，甚至不同種的埋葬蟲，使牠多了一些競爭者。尋找屍體的雌蟲，雖然早已交尾過，但卵巢還未成熟，發現屍體、著手埋葬工作時，卵巢才開始迅速發育。為了補充新的精子，雌蟲很容易就和在屍體上活動的任何一隻雄蟲再交尾。如果雌蟲先找到屍體，往往獨自製作肉丸而產下後代，若遇到較大型的屍體，常常會有兩隻以上的雌蟲共同養育後代。由於雌蟲的產卵數有上限，就雄蟲而言，以一夫多妻的方式來利用大型屍體，可以獲得最多的後代。

但對雌蟲來說，一夫多妻沒有任何好處，必然引起雌、雄間激烈的競爭。當兩隻以上的同種埋葬蟲，在較小型的屍體上相遇時，雄蟲間或雌蟲間會展開一番爭鬥，最後由體型較大的一隻雌蟲和一隻雄蟲脫穎而出，占有屍體，開始繁殖。若是兩隻雌蟲相遇，就開始吃醋、鬥爭；若兩雄相遇，就先一起埋葬屍體，等雌蟲出現時，才一決勝負。若是雌、雄蟲成對後，出現了第三者，成對者會同心協力對抗新來者；若新來者體力較強，牠會趕走成對中的同性，占有已做好的肉丸，並殺死肉丸中先住者的後代，然後繁衍自己的子嗣取而代之。

雖然每一種埋葬蟲有自己的繁殖季節、主要活動場所，不同種間的爭鬥並不常見。不過，不同種埋葬蟲間的爭鬥，也是體型較大者占優勢。屍食性蠅類反而是更難纏的競爭者，因為在蠅類產卵過的肉丸上，埋葬蟲的繁殖成功率並不高。至於螞蟻不但具有屍食性，也會捕食肉丸中的埋葬蟲幼蟲，既是埋葬蟲的競爭者，也是天敵。

在一定大小的肉丸上，完成發育的埋葬蟲幼蟲數與牠們的平均體重，會維持一定的平衡。也就是說，在一個肉丸上養育大型幼蟲時，必須減少幼蟲數，相反地，若要養育多隻幼蟲，就必須縮小每隻幼蟲的體型。實際上，紅紋埋葬蟲會配合屍體大小調整幼蟲數，讓幼蟲維持一定的體型。歐洲產的蜂型埋葬蟲（*Nicrophorus vespilloides*），在體重五公克的小老鼠屍體上產約十八粒卵，在十五～三十公克的屍體上產約三十粒卵，在七十五公克的大型屍體上產約五十粒卵。根據調查，在十五及三十公克的屍體上，三十隻孵化幼蟲都到達肉丸上開始發育；在三十公克的屍體上，約有三十隻幼蟲完成發育而化蛹；但在十五公克的屍體上，只有一半幼蟲發育到化蛹的階段。

從後續的試驗中更知，部分一、二齡幼蟲會被親代成蟲取食。原來埋葬蟲若利用小型屍體，會多產一些卵，然後依幼蟲的發育情況，適度調節幼蟲數。因為，除了螞蟻，被屍體臭味引誘而來的隱翅蟲，也會捕食一齡幼蟲，附在埋葬蟲成蟲體上的一些蟎類，也會捕食牠們的卵。母蟲考慮這些天敵的威脅，勢必產下較多的卵。

除了做好肉丸並產卵外，埋葬蟲成蟲還有保護、養育後代的工作要做，牠們之間略有分工，雄蟲主要負責防衛育幼室，雌蟲則擔任蛻皮後幼蟲的哺育工作。雖然雄蟲比雌蟲先離開育幼室，但在較大型屍體上幼蟲發育較晚時，或雌蟲因故消失時，雄蟲會延長逗留的時間。在一次以人爲方法除去雄蟲或雌蟲的試驗中發現，單親養育時的幼蟲數及幼蟲體重，與成對照顧時並無差別。也就是說，雙親的照顧並不會提高繁殖的成功率，只是在對付入侵者時，防衛效果明顯升高，這應是紅紋埋葬蟲成對進行繁殖及照顧行爲的主因，也是牠們有效阻止同種入侵者，防衛其他種埋葬蟲、甚至蠅類等競爭者的對策吧。

埋葬蟲的托兒所

前一篇〈食屍者的育兒哲學〉中曾提到，爲了爭奪產屍體，埋葬蟲雌蟲之間會有一場爭鬥，但戰敗的雌蟲往往會偷偷溜回勝利者的育幼室附近，在土中產卵。由於埋葬蟲不能區別自己與別隻母蟲的後代，因此，入侵者的幼蟲也將獲得勝利母蟲（房東母蟲）的照顧。在一次試驗中發現，將母蟲所照顧的一齡幼蟲掉包，換成別隻母蟲的一齡幼蟲，母蟲似乎未察覺，仍照顧新幼蟲，且視如己出。雖然入侵者的幼蟲加入房東母蟲的幼蟲族群後，母蟲要照顧的幼蟲數量增加；但有意思的是，幼蟲羽化後的成蟲數卻並未增加，在新一代成蟲中，入侵者後代略佔整個新成蟲的百分之二十。換句話說，勝利者的後代有百分之二十被入侵者取代。

不過房東母蟲對入侵者的托卵也有一些對策。如果在房東母蟲卵孵化的二十小時前，加進一些幼蟲，幼蟲會被房東母蟲捕食；但愈接近房東母蟲的孵化時間，被捕食率愈低；到了距離孵化不到八小時，加進來的幼蟲完全會被母蟲接納，在孵化後加進來的幼蟲也會被接納。不只同種，同屬但不同種的母蟲，也會在別種母蟲做的肉丸托卵；不過孵化時期的差異，還是房東母蟲接受與否的關鍵因子。由於紅紋埋葬蟲的卵期約為五十個小時，托卵者必須在房東母蟲產卵前後，在屍體附近產卵，才有成功的機會。

前面提過紅紋埋葬蟲無論雌雄，為留下更多後代，而爭奪屍體，並展開爭鬥。爭鬥後，小型屍體為一對成蟲或一隻雌蟲所占有，較大型的屍體則往往由兩隻以上的雌蟲共有，雌蟲們並一起哺育。在一個試驗中，將大小不同的兩隻蜂型埋葬蟲母蟲放在屍體上，結果發現，在五～十五公克的小型屍體上，小型母蟲在卵未孵化前就離開屍體；而在二十五～三十五公克的大型屍體上，常常兩隻母蟲留下來共同哺育。屍體愈大，小型母蟲後代的存活率愈高。最後大型與小型母蟲的後代各佔一半。但兩隻母蟲共同照顧所得的幼蟲數，仍不及一隻母蟲單獨照顧的兩倍。

值得注意的是，兩隻母蟲共同照顧幼蟲後，彼此似乎能夠認同對方是同伴，若有入侵者，也會遭受牠們的聯合攻擊而被趕走。因爲入侵者若占有屍體，原住者的幼蟲就會被殺死。因此，接納同伴共同哺育後代，雖然得讓自己的後代數減少，卻是對抗入侵者的適應性策略之一。這種共同防衛的效果，在對抗蠅類的種間競爭時尤其明顯。當母蟲們並肩作戰，通常可以徹底地排除大型屍體上的蠅卵，也能更有效地阻止蠅類的產卵，確保牠們的幼蟲順利發育。

雖然共同哺育的優點大於缺點，但在占有屍體的階段，母蟲間還是會有激烈的爭鬥。以人的角度來看，若是母蟲先發現的屍體不夠大，只夠讓自己的後代發育，就得抗戰到底；若是屍體相當大，可容納兩隻或三隻母蟲，就和平解決。但這種想法似乎還未證實，而在初期階段的競爭，付出或消耗了多少體力與時間，至今也還沒有明確的測定數值。可以確定的是，體力消耗多少，應是牠決定戰或不戰、或者要戰到什麼程度的重要因子。

顯然地，取食屍體的埋葬蟲，也有牠的一套托兒邏輯。

寄生蜂不得不殺卵的理由

無論是內寄生性或外寄生性的昆蟲，幼蟲看來都很幸福，因爲母蟲把卵產在寄主昆蟲體表或體內，讓孵化的幼蟲立刻就能吸收所需的營養，有點像《格林童話》中跑進糖果屋中大快朵頤的「漢斯兄妹」。由於寄生蜂幼蟲不必自己找食物，腳幾乎已失去移動能力，反倒面臨一個重大的問題，即萬一母蜂在寄主上產了過多的卵，出現「僧多粥少」的局面，孵化的幼蟲將因爲缺糧而全軍覆沒。爲了避免多產，母蜂會採取一些對策，例如第五篇〈吃住別人身體的寄生蜂幼蟲〉（見177頁）中介紹的，對寄主展開「搜身工作」，測定寄主身體大小，再決定產卵數量等；但更絕的可能是條螟寄生小繭蜂（*Bracon hebetor*）母蜂的殺卵行爲。

條螟寄生小繭蜂是廣泛分布全世界的寄生蜂，以印度穀蛾（*Plodia interpunctella*）等幼蟲爲寄主。母蜂將卵產在寄主幼蟲的體表，攝氏二十八度下，卵經過兩天左右孵化，再經過約兩個星期，羽化爲成蟲。母蜂的壽命大約爲四十天，其間可產三〇〇～五〇〇粒卵。

當母蜂發現可當寄主的幼蟲時，會先靠近牠，再彎曲腹部，伸出產卵管等候；當寄主幼蟲更接近時，母蜂趁機插入產卵管，隨後就離開；此時插入產卵管的目的不在產卵，而在注入麻醉液。被注射後大約十五～三十分鐘，寄主就已動彈不得，母蜂爬到寄主身上，伸出產卵管，經過一番檢查，反覆插入產卵管，並舔食寄主體表溢出的體液。舔食完，母蜂再度把產卵管伸到寄主腹面，在此產下一粒卵。通常一隻寄主體上，母蜂產十～二十粒卵後就離開，因為卵數超過二十粒時，在此隻寄主上寄生蜂幼蟲的發育率將明顯降低。以上就是母蜂遇到健全寄主時的產卵過程。

母蜂若是遇到已被其他寄生蜂產卵的寄主時，情形就略為不同。由於寄主已被麻醉而無法動彈，母蜂靠近寄主後，便直接伸出產卵管檢查寄主腹面，當牠發現寄主體上已有卵粒時，會有下列三種不同的行為反應：一、與遇到健全寄主時相同，產卵後即離開；二、不採取任何行動，掉頭就走；三、以產卵管刺死原有的卵，然後產下自己的卵後離開。

然而，母蜂如何決定是否產卵，或是殺卵後再產卵？利用具產卵經驗與未產過卵的四日齡母蜂作試驗，結果得知，未產過卵的母蜂在寄主體上發現寄生蜂的卵時，大多數都會先殺卵再產卵；產過卵的母蜂則只有百分之三十會採取殺卵的行為。

其實殺卵性母蜂與不殺卵性母蜂之間有兩項值得注意的差異：一、殺卵性母蜂在寄主體上一發現卵粒時，先徹底檢查寄主體表，然後才殺卵，此時的殺卵率高達約百分之八十。然而不殺卵性母蜂在牠的產卵管碰到卵粒時，會馬上收回產卵管，停止檢查行為，開始產卵。二、兩種母蜂的產卵數不同。殺卵性母蜂的產卵數約為五～十粒，不殺卵性母蜂只產二～五粒卵。由此可知，寄生蜂在一隻寄主上的產卵數，依未被寄生的健全寄主、已被寄生而殺卵、已被寄生而不殺卵的順序遞減。

從以後的試驗更得到以下的資訊：一、羽化後未產過卵的母蜂有殺卵的行爲；二、在健全寄主上產過卵的母蜂不會殺卵；三、在健全寄主上產過卵，下一次遇到寄主的時間間隔愈長，殺卵的機率愈高；四、在已被寄生的寄主上產卵的母蜂，較在健全寄主上產卵的母蜂容易採取殺卵行爲。

可見，在健全寄主較少的情況下，遇到已被寄生的寄主時，最容易引起殺卵行爲，因爲母蜂此時碰到的卵，應不是牠自己所產的。對於羽化後未產過卵的母蜂，碰到的卵一定是別隻母蜂所產，可毫不猶豫地殺死，再產下自己的卵。此外，由於卵期只有兩天就孵化，在健全寄主體上產過卵的母蜂，經過兩天以上，再遇到的卵一定也是別隻母蜂所產，所以殺之也無妨。

由於母蜂產完卵後，通常就在附近尋找其他寄主再產卵，因此碰到同一隻寄主的機會較高，所以在健全寄主體上產卵不久的母蜂，若又在寄主體上碰到卵時，並不願殺它，以免誤殺了自己的卵。在這種顧慮之下，母蜂產生「殺卵後產卵」或「不殺卵而產卵」兩種模式，而後者的產卵數顯然較少。

然而，遇到已被寄生的寄主時，有些母蜂爲何不殺卵而直接產少數的卵？因爲殺卵也要付出代價，不但耗體力，也得浪費約四十秒鐘的時間，何況已無法辨別出是否爲自己所產的卵！如果在一隻已有二十粒卵的寄主體上，再產下大量的卵，後產的卵可能無法順利發育，因此只好產二～五粒少量的卵較保險。這種產少數卵的策略，不僅能減少寄生蜂幼蟲間的種內競爭，也可節省母蜂的體力及殺卵時間，讓母蜂還有餘裕尋找新寄主，產下存活機會較高的卵。只是對已被寄生的寄主而言，無論寄生蜂殺卵後產多數卵，或不殺卵產少數卵的策略，都沒有多大的差別，終究都是死路一條。

總而言之，條螟寄生小繭蜂母蜂的殺卵行為，是在不易找到健全寄主時，不得不採取的次要對策，所以牠的「兇狠」也是值得同情的。

田鼈爸爸眞命苦

動物對後代的照顧，大致可以分為以下四大類：一、不照顧，後代自求多福；二、雌雄雙親共同照顧；三、由雌性親代單獨照顧；四、由雄性親代單獨照顧。

多數的無脊椎動物及魚類，屬於第一類型；絕大多數的昆蟲母蟲，也是將卵產在適合後代生活的環境或食物上，產後就離開。第二類型常見於鳥類、哺乳類動物，尤其雌、雄鳥輪流抱卵，幼鳥孵化後，親鳥也共同餵養幼鳥。第三類型常見於一雄多雌的繁殖群集或雄性具有多次交尾性的動物，例如，已知二百多種的椿象母蟲產卵後會留在卵塊上，甚至孵化後還繼續保護到後代蛻皮變成第二齡若蟲。此外，螻蛄、蠼螋之類，也由母蟲負擔照顧的工作。至於第四類型，雄性當保姆最有名的，可能是南美大草原的美洲鴕鳥（*Rhea americana*），公鳥在地面挖個凹洞，引誘母鳥在此產卵，母鳥產完卵就離開，公鳥只好自己抱卵，等幼鳥孵化後，好爸爸還帶著幼鳥覓食，並保護牠們免受害敵攻擊。

昆蟲中由雄性親代照顧後代的例子雖然不很多，但半翅目中的負子蟲科（Belostomatidae），卻出現了一些好爸爸。這些爸爸有多好？故事應該從台灣田鼈（*Lethocerus indicus*）的尋偶階段談起。

初春的黃昏，雄蟲捉住池塘裡的草梗，以中腳撩動水面，製造漣漪，引誘雌蟲來交尾。雌蟲一接到訊息，立刻趕來雄蟲身旁。最後牠們捉住草梗，在水中交尾，交尾後，各自徘徊於水草莖梗與水面之間，尋找適宜的產卵場所。找到適合產卵的草梗後，雌蟲就開始產卵，卵的形狀類似葡萄種子；雄蟲這時仍持續在水中、水面來回，有時會回到雌蟲產卵處，再和牠交尾一次。雌蟲就這樣產完近百粒卵，並形成一卵塊，其間共交尾十多次，甚至二十多次。產完所有卵，雌蟲就拋夫棄卵離開了，此後雄蟲便開始艱苦的好爸爸生活。

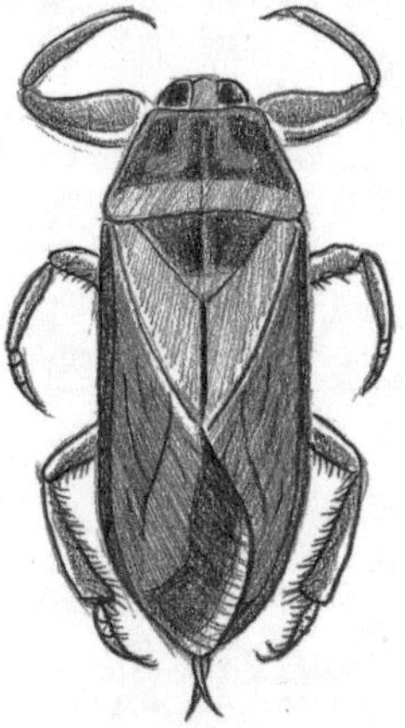

台灣田鼈

當上單親爸爸的雄蟲，除了陽光過強的中午會躲在水中，大部分時間都留守在卵塊上，晚上也爬到卵塊上，以牠濕漉漉的身體覆蓋卵塊，身體一變乾，便跑進水中弄溼身體，再爬回卵塊。如此一夜反覆五、六次，還不時以口吻灑水在卵上。若將雄蟲移除，不替卵塊灑水，卵塊不久即乾枯而無法孵化；若以人工方式灑水或適時蓋上潮濕的紗布，保持一定的濕度，卵塊仍能順利孵化；可見此時雄蟲的主要任務就是爲卵塊補充水分，而這任務要擔負到後代若蟲孵化，並游泳分散爲止。至於離家出走的雌蟲，則繼續取食大量獵物，不久肚子裡再次充滿成熟卵，又必須去尋找下一個好爸爸了。

田鼈雄蟲面臨的第一個厄運是，雌蟲體內卵的成熟期，比雄蟲守護卵塊至孵化的時間還要早兩、三天來臨。換句話說，雌蟲開始找新伴侶時，大多數的雄蟲還忙著照顧前一批卵，無意接受新歡的求愛，因此雌蟲只好以暴力手段解決。雌蟲體長比雄蟲大約一、兩公分，當懷卵的雌蟲接近護卵的雄蟲時，雙方會先以前腳展開第一回合的打鬥，纏鬥後，如果雌蟲打消念頭，雄蟲即可繼續照顧卵塊。但從牠們體型的差異就知道，雌蟲常占上風。通常出現的情形是，雌蟲趁雄蟲閃避攻擊而略爲離開卵塊之際，迅速伸出銳利的前腳撥散卵塊，雄蟲雖然受到偷襲，仍舊護卵心切。但當大多數的卵慘遭撥散，只剩下十餘粒時，雄蟲便會失去鬥志，盡棄前功，轉而與雌蟲交尾，此後重新開始照顧雌蟲卵塊的工作。

雖然台灣田鼈的爸爸如此命苦，但分布在美國的兩種田鼈*Lethocerus medius* 和 *L. americanus*，對付雌蟲的攻擊卻有聰明的戰術。牠們在得到一批卵塊的第二天，就以漣漪訊息引誘另一隻雌蟲，並讓牠產卵，一次同時照顧兩隻雌蟲的卵塊。就雄蟲來說，這樣做也會出現一些沒有交尾機會、不必護卵的雄蟲，當雌蟲們又要尋偶時，就可以找這一批未護卵的雄蟲了。

田鼈雌、雄蟲的取食量有很大的差異。根據試驗結果顯示，雌蟲需捕食十六～三十隻金魚，才能讓下一批卵成熟，但照顧卵塊的雄蟲只要取食兩隻金魚，即可應付下一次交尾。就雌蟲來說，為了增加自己的後代數，把卵交給雄蟲照顧，自己專心補充營養便能儘快產更多的卵，才是最佳的繁衍策略。而取食量本來就不大的雄蟲，專心照顧卵塊，不必常去覓食，對精巢的再成熟也沒有多大的影響。

其實，雌蟲也不是完全沒有責任感，牠在跳水離去前，會確認雄蟲是不是會從水面爬上來保護卵塊。至於臨危受命的雄蟲，只好認分地照顧卵，避免讓它們走上死路，這些卵畢竟都是牠經過幾十次交尾後才得到的骨肉，怎能狠心不顧呢。

負子蟲背著寶寶討生活

在過去的稻田、池塘裡，負子蟲（*Sphaerodema rustica*）是比田鼈更常見的水棲性半翅目昆蟲，由於雄蟲的前翅上常背著一層平排的卵，有些甚至還背著孵化不久的小若蟲，所以叫做「負子蟲」。這種情形有點像南美洲的負子蟾（*Pipa pipa*），母蟾用腳把卵一粒粒地放在自己的背上，並包在膨脹的背部皮膚裡。卵不久即孵化，孵化的蝌蚪也在母蟾背上生活，直到變成小蟾蜍爲止。不過和負子蟲不一樣的是，負子蟾仍由雌性照顧後代。蛙類中也有由雄性照顧後代的，例如南美最南端的巴塔哥尼亞（Patagonia）的達爾文鼻蛙（*Rhinoderma darwini*），雄蛙以舌頭掬取雌蛙產的卵，放在鳴囊中，孵化的蝌蚪變成小青蛙後，才從父親的口中跳出來。

話題回到負子蟲。負子蟲雄蟲雖然也要照顧後代，但比田鼈好命多了，因爲一隻負子蟲雄蟲背上的卵數通常超過一百粒，而一隻雌蟲的產卵數大致在二〇～三〇粒，雄蟲在一天之內就可和多隻雌蟲完成交尾，並背上雌蟲的卵，這種策略有點像前面單元介紹的美國田鼈，在護卵期間免受藏有成熟卵的雌蟲的干擾。在一次觀察中，一隻負子蟲雄蟲從下午五時三十分至晚間九時之間，就和五隻雌蟲交尾三十一次，共背上二十六粒卵。雌蟲之間爲了爭取雄蟲的背部，往往展開劇烈的競爭，競爭中脫穎而出的雌蟲，才有權利和雄蟲交尾及在雄蟲背上產卵。

由雄蟲照顧後代的習性到底是怎麼演化來的？據古生物學的研究，三億年前的侏儸紀已出現負子蟲類的昆蟲。從化石研判，當時的負子蟲與其他水棲性半翅目昆蟲相似，只有五～七公釐的體長，以捕食小型水棲性節肢動物、螺類或蝌蚪維生。由於蜻蜓類是更早出現的昆蟲，因此蜻蜓稚蟲與負子蟲類祖先之間，爲了爭奪食物，產生劇烈的生存競爭。

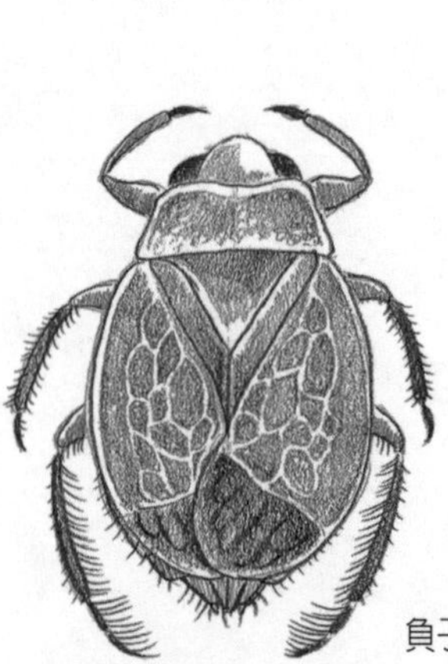

負子蟲

在此情況下，晚出現的負子蟲，身體朝向大型化的進化，以便捕食更大型的獵物，進而緩和彼此間的競爭。

昆蟲若蟲及幼蟲隨著蛻皮而增長身體，每一次蛻皮，增長率約爲一．二七～一．五二倍，這個倍率在整個昆蟲界大致是一定的。昆蟲爲了身體趨於大型，只有兩種選擇，一是增加蛻皮次數，一是產下大型的卵。極大多數的半翅目昆蟲，經五次蛻皮變爲成蟲，這是自古而來的遺傳特性，要改變並不容易，因此牠們放棄這條路線。例如田鼈、負子蟲，一次蛻皮後的身體增長率各爲一．四二倍與一．三六倍，與其他水棲性半翅目的潛水椿科（Naucoridae）、長吻水椿科（Aphelocheridae）的一．三九倍與一．三四倍比較，相差無幾。於是牠們只好朝向生產大型卵的方向進化。包括負子蟲科在內的紅娘華總科（Nepoidea），都比其他水棲性半翅目昆蟲產的卵大型（見242頁的表）；不過紅娘華（*Laccotrephes japonensis*）與水螳螂（*Ranatra chinensis*）走上與負子蟲類不同的進化路線。

紅娘華與水螳螂將附有呼吸絲的卵產在岸邊的泥土上，以便利用水中的氧氣，並在短暫的乾旱期存活，這是種極特殊的演化路線。而包括負子蟲在內的大多數水棲性半翅目昆蟲都在水中產卵，卵透過卵膜吸收溶解於水中的氧氣而呼吸。愈大型的卵，需要愈多的氧氣，但溶解於水中的氧氣量很有限，水黽等所產的小型卵在不流動的水域中還能生存，如田鼈、負子蟲的大型卵，則會因氧氣不足而死亡。

數種水棲半翅目昆蟲卵的大小

科名	負子蟲科		紅娘華科		長吻水椿科	仰泳椿科	水黽科
蟲名	田鼈	負子蟲	紅娘華	水螳螂	長吻水椿	仰泳椿	黑水黽
長徑（公釐）	4.4	2.2	3.7	3.4	1.3	2.0	1.4
短徑（公釐）	2.3	1.5	1.6	1.0	0.7	0.6	0.5

爲了讓卵容易獲得氧氣，產大型卵的昆蟲，必須把卵產在四分之一爲氧氣所佔的大氣中；而且爲了預防卵中水分的蒸發，還要採取保溼措施，因此陸棲性半目昆蟲以蠟層被蓋住卵來預防乾燥。不過，一直產卵於水中的負子蟲祖先，已失去分泌蠟質的能力，沒有蠟層保護的大型卵，不宜直接產在陸地上，最好產在含氧量較多的水表附近或偶爾濺到水的岸邊。然而牠們所棲身的小池塘、沼澤地，常受到降雨等氣象條件的影響，水位變化甚大，爲了克服這些問題，負子蟲、田鼈的祖先只好朝著「把卵產在大氣中交由親代照顧」的方向進化。

那麼爲何照顧後代的不是雌蟲，而是雄蟲？這是因爲負子蟲的雌蟲沒有夠長的產卵管，無法將卵產在自己的背上，只好求助於跟牠交尾的雄蟲，這情形就像前面提的達爾文鼻蛙，雌蛙無法把卵放在自己的背上，不得不靠雄蛙來照顧一樣。

蟎類的大家庭

蟎類雖不是昆蟲，但同樣屬於節肢動物門，在牠們的生活中，也看得到親代照顧的行爲，值得在此略作介紹。

在種類多達三、四萬種的蜱蟎類（Acari）中，有一群叫做葉蟎（*Tetranychus* spp.等），牠們多棲息於新鮮的葉子上，故得此名。不少種類的葉蟎，因爲食葉性，成爲多種農作物的重要害敵。這裡要介紹的是生活在竹葉上的竹葉造網葉蟎（*Schizotetranychus celarius*）和牠的捕食者捕植蟎（*Phytoseus* sp.，又名捕食蟎）的關係。

竹葉造網葉蟎先在竹葉上吐絲，形成自己的小房間，在此產卵。孵化的幼蟎經過若蟎期變爲成蟎後，就在母蟎隔壁吐絲造房間，另立門戶。由於發育迅速，兩、三代以同堂的方式形成一個房間群而生活，各房之間有通路可以往來。其實一個房間群的住客不一定都是同一隻母蟎的後代，有時也有不速之客——另一隻雌蟎或雄蟎混入。起初房東母蟎很排斥外來者，但最後多半都接納牠們，讓牠們留下來產卵、繁殖。不管是一隻母蟎也好，多隻母蟎也好，如此同堂而居的生活稱得上是一種社會性生活方式。

葉蟎的勁敵是以牠爲主要獵物的捕植蟎。捕植蟎的生活史和葉蟎極爲相似，由卵孵化的幼蟎經過若蟎期發育爲成蟎，但幼蟎沒有捕食性，經過一次蛻皮變爲若蟎後才開始捕食。捕植蟎的主要獵物是葉蟎的卵和幼蟎，葉蟎的成蟎則是難纏的獵物，通常讓捕植蟎敬而遠之。當在兩隻葉蟎雌蟎產卵處釋放一隻捕植蟎幼蟎時，雌蟎會猛烈地追趕牠，把牠趕出房間，但此現象我們不能認定雌蟎是爲了保護自己的卵而追趕捕植蟎，說不定牠是爲了保護自己、防衛自己的房間（棲所）而戰？

不管如何，先來看一下葉蟎雌蟎對捕植蟎幼蟎的對抗能力。在沒有雌蟎，或有一、二、四、八隻雌蟎的房間群裡，各釋放一隻捕植蟎幼蟎；沒有葉蟎雌蟎時，幼蟎不久即蛻皮變爲若蟎，開始捕食房間內葉蟎的卵而順利發育爲成蟎。當有一隻葉蟎雌蟎存在時，捕植蟎幼蟎的死亡率爲百分之六；二隻或四隻葉蟎雌蟎存在時，捕植蟎的死亡率都是百分之十二；有八隻葉蟎雌蟎時，捕植蟎幼蟎的死亡率升到百分之二十八。雖然葉蟎雌蟎對付捕植蟎幼蟎的戰術以把牠趕出房間爲主，較少殺死牠，但從上面的數值可知，當多隻葉蟎雌蟎存在時，牠們會採取聯合作戰方式殺死對方。

另一方面，葉蟎雄蟎對捕植蟎幼蟎的攻擊性更猛烈。當一隻雄蟎留守時，捕植蟎幼蟎的死亡率爲百分之四十，兩隻葉蟎雄蟎留守時竟高達百分之八十。如此看來，葉蟎成蟎不分性別，對未具捕食能力的捕植蟎幼蟎都具有殺傷力，只是程度不同而已。但當捕植蟎幼蟎已長大到若蟎時，雌、雄葉蟎都已不是捕植蟎若蟎的對手了，不是被牠捕食，就是得棄巢而逃。

但以上是葉蟎雌蟎或雄蟎單獨存在時的情況。在社會性動物，雌、雄性共同生活是很常見的。來看看一雄兩雌或雌、雄各兩隻葉蟎存在時的情形，並和只有兩隻雌蟎時的情形作個比較。結果發現，只有兩隻雌螨的葉螨無法殺死捕植螨幼螨，而且單隻雄螨對捕植螨幼螨的殺死率為百分之四十左右；但當雌、雄性成對存在時，無論是一隻或兩隻雄螨，對捕植螨幼螨的殺死率竟高達百分之七十三。

至於一雄兩雌葉螨的試驗區，由於雌螨的徘徊性比雄螨大，首先發現入侵者的多是雌螨。雌螨一發現入侵者，便陷入恐慌狀態，在房間內亂跑，碰觸到另一隻雌螨，有時還用力衝撞入侵者；入侵者也拚命地逃，但似乎未受到任何傷害。雄螨則是按兵不動，但當一隻雌螨碰觸到牠後，牠立刻開始行動，不久就發現入侵者，輕易捉到牠後，將牠殺死，整個房間才恢復平靜。看來雌螨負責發現及追趕入侵者，而雄螨承擔直接攻擊的任務。

到底葉螨成螨對捕植螨幼螨的攻擊，是為了保護自己的生命，還是為了後代的安全？看來後者的說法較為妥當。因為捕植螨幼螨並沒有捕食能力，對葉螨成螨的威脅其實不大，何況捕植螨若螨也甚少攻擊葉螨成螨，而是以葉螨的卵、幼螨為主要食物。綜合一些情形研判，葉螨成螨對捕植螨幼螨的攻擊行為，應該是出自「為後代而戰」。

【第七篇】

投其所愛的害蟲防治

由前文一路讀來，讀者可知昆蟲們為了留下後代，真是用盡心思、費盡手段，但牠們在為繁衍所做的各種奮鬥中，卻也暴露出自己的弱點。例如，捉一隻晏蜓雌蟲，用細線將牠綁起來飛，可以誘到好幾隻晏蜓雄蟲；雖然這不過是個遊戲，但巧妙利用雌性對雄性強力的吸引力，可在害蟲的防治上收到可觀的效果。

致命吸引力的害蟲防治

為了留下後代，是昆蟲存活的最終且最主要的目的，為了達成任務，牠們不顧一切，付出最大的努力，也建立了現今的繁榮地位。但另一方面，如此拼命的行為，也為生存帶來了危機；一部分昆蟲為了應變，進入人類的居家或生產圈，變成所謂的「害蟲」，成為人們苦心防治的對象。為了對付牠們，人們苦費心思進行防治，例如各種殺蟲劑的開發及噴施、寄生性與捕食性天敵的利用等。

雖然利用昆蟲的特殊生活習性來從事害蟲防治，應用範圍不及殺蟲劑、天敵的利用那麼廣泛，防治奏效的案例也不多，但朝這個方向探索，還是會獲得不少啓發的。

正如第三篇「多采多姿的尋偶行為」中所提到的，不少雌蟲為了引誘雄蟲前來交尾，會分泌性費洛蒙。一位德籍生化學專家經過二十年的研究，在一九五六年正式成功地分離出家蠶的性費洛蒙，此後這方面的進展甚為迅速，至今已知近一千種昆蟲分泌性費洛蒙，也知道各自的成分及化學構造。性費洛蒙對雄蟲的引誘效果，依昆蟲種類、化學成分之不同而有很大的差異；有些昆蟲的性費洛蒙，的確對雄性有很大的引誘力。

以有名的園藝害蟲斜紋夜蛾（*Spodoptera litura*）為例，只要數個分子的性費洛蒙，就能讓雄蛾產生尋偶的反應，因此，當地形、氣象條件良好時，可以引誘距離百公尺外的雄蛾。於是專家們利用這種特性，開發出所謂的「大量誘殺法」（mass trapping），即以人工合成該蛾的性費洛蒙，以此爲誘引源，製作誘引器，設置於田間來誘殺雄蛾。

如果利用大量誘殺法殺死田裡的多數雄蛾，雌蛾就無法找到雄蛾交尾，卵巢也就不能發育，即便產卵，也都是無法孵化的未受精卵，這樣就能減少斜紋夜蛾下一代的發生量與爲害量。雖然開始時的預期效果是如此美滿，但實際應用後，情況卻沒那麼單純，誘引器雖然能誘殺不少雄蛾，有時在一個誘殺器中一天可誘殺上百隻，卻仍可見到不少已交尾的雌蛾，下一代的發生量也並未明顯降低。究其原因，斜紋夜蛾的雌、雄蛾都有多次交尾的習性，因此即使有一半或三分之二的雄蛾被誘殺，也無異是替倖存者增加了二次或三次的交尾機會，根本不影響雌蛾的交尾率。考量斜紋夜蛾的生理及生態特性，估計要誘殺百分之九十的雄蟲，才可降低雌蛾的交尾率，但要達到這麼高的誘殺率，必須設置更多的誘引器，不但使防治成本增加，過量的性費洛蒙，也容易引起尋偶行爲上的訊息擾亂現象（communication disruption），反倒使誘殺效果降低。由此可知，採取大量誘殺法所遇到的困難確實不少。

再者，人工合成的性費洛蒙是模仿斜紋夜蛾雌蛾分泌的天然性費洛蒙製造的，當該蛾在野外發生密度較高時，雌蛾分泌的天然性費洛蒙自然較多，此時人工合成與天然的性費洛蒙，必發生引誘上的競爭，結果如何，甚難評估。站在較悲觀的角度推測，人工合成性費洛蒙誘引器誘到的雄蛾，可能是在多數雌蛾已交過尾、並停止分泌性費洛蒙的情況下才被誘引到的，若眞如此，對下一代發生量的影響當然很有限；加上斜紋夜蛾具有相當強的遷移性，一夜的飛翔距離往往達數公里，因此，數公里外的雄蛾也該考慮被納入誘殺的對象。依目前估計，若大致涵蓋雄蛾的飛翔範圍，至少得將上百公頃的大面積農田劃爲處理區，才能收到某種程度的防治效果。例如在美國，針對棉鈴象鼻蟲（*Anthonomus grandis*）在數百公頃的範圍內，採用大量誘殺法，就收到讓人滿意的防治效果。

前面提到，過量的性費洛蒙會擾亂雄蛾的尋偶行爲。雌蛾分泌的性費洛蒙飄浮在空中，隨著空氣擴散，距離愈遠，濃度就愈低；受到性費洛蒙刺激的雄蛾，會往濃度較高的方向尋找雌蛾。但當空氣中充滿性費洛蒙時，由於空氣中沒有費洛蒙濃度高低的差異，易使雄蛾迷惑，無法判別雌蛾的所在。依照這個原理，而有將大量人工合成性費洛蒙釋放於農田，使雄蛾無法順利找到雌蛾，雌蛾因而失去交尾機會的構想，就是所謂的「訊息擾亂法」。

由於訊息擾亂法的應用，原則上是性費洛蒙濃度愈高，效果愈佳，加上其目的不在誘殺雄蛾，只在擾亂雄蛾尋偶時的方向感，因此對性費洛蒙純度的要求並不高，製劑的生產也就較爲容易。再者，雖然處理面積愈大，防治效果愈佳，但通常數十公頃的處理面積就能得到讓人滿意的效果。

但訊息擾亂法並非毫無缺點，面臨的第一個問題就是，如何使性費洛蒙長期充滿於農田？雖然雌、雄蛾在充滿人工合成性費洛蒙的環境中無法交尾，但牠們仍活著，當受到氣象影響，尤其風向改變時，農田中的性費洛蒙濃度會降低或被風吹散，促使雌、雄蛾立刻尋偶交尾，而前功盡棄。另一個問題是農民的接受度。利用大量誘殺法時，還能拿誘引器所誘到的一些雄蛾給農民看，無論眞實效果如何，農民看到被誘殺的雄蛾會比較安心；但訊息擾亂法是以誘引器裡面沒有誘到雄蛾來證明，農民雖然看見了空誘引器，心裡卻很難相信防治已然奏效。

在性費洛蒙的利用上，有效果且已獲得專家共識的是，對於害蟲發生的預測或偵測。由於雄蟲的羽化期通常比雌蟲略爲早些，當雌蟲未羽化或只有少數雌蟲羽化時，雌蟲所分泌的天然性費洛蒙有限，不致干擾人工合成性費洛蒙的效果，此時使用誘引器可以誘殺到雄蟲。依照這個原理，可在害蟲發生初期預測牠們的發生期、甚至發生量，以便趁早準備防治措施。此外，在機場、港口等農產品進口處，懸掛性費洛蒙誘引器來偵測外來害蟲是否入侵，不失爲一種好方法。

這種預測法、偵測法，比過去所用的誘蟲燈（發生預測燈）較理想，因爲誘蟲燈必須設在有電燈可利用的地方，或者至少要配置發電機，但性費洛蒙誘引器沒有這種地點及配備上的限制。再者，誘蟲燈同時也引誘具有趨光性的多種昆蟲，除非受過專業訓練，一般人很難分辨得出該調查害蟲；但性費洛蒙的種特異性甚高，只會引誘對該費洛蒙有反應的特定害蟲，因此以性費洛蒙誘引器調查時，不必依賴專業人員，只需計算其中的隻數即可，能省下不少人事費用。雖然這種發生預測的措施，不能直接殺死害蟲，但透過這項工作，我們可以斟酌施藥防治措施的必要性及採取的適當時機，這在整個防治體系中扮演著關鍵的角色。

東方果實蠅的滅雄法

在〈為了示威不惜賭命〉（見112頁）中曾提過，東方果實蠅雄蟲對甲基丁香油有很強的偏好性，因此甲基丁香油也跟性費洛蒙一樣，可利用於防治東方果實蠅雄蟲的大量誘殺法，由於誘殺對象是雄蟲，此法被稱爲「滅雄法」。在台灣，很早就利用甲基丁香油誘殺東方果實蠅，並且從一九八四年起，全面使用滅雄法來防治東方果實蠅，這項工作至今仍在進行。值得注意的是，在日本的沖繩縣，僅以此法滅絕了全縣的東方果實蠅，成爲應用滅雄法的經典範例。以下就援引「沖繩經驗」，略爲介紹利用甲基丁香油滅絕東方果實蠅的經過。

沖繩縣是日本唯一位處亞熱帶地域的縣份，生長著多種在日本本土無法栽培的亞熱帶作物，尤其是果樹，但因爲東方果實蠅的分布爲害，沖繩縣生產的農作物無法輸到日本本土。爲了振興該縣的農業，沖繩縣積極著手東方果實蠅的滅絕工作。

東方果實蠅雌蟲將卵產於多種果實的果皮下，孵化的幼蟲蛀入果肉內發育，發育成熟後跳出被害果，潛土化蛹。對付這種生活習性的害蟲，除了著手處理被害果外，找不到對爲害期的幼蟲有效的防治方法，只好將注意力放在成蟲期的誘殺措施。

在沖繩本島進行東方果實蠅的滅絕工作前，他們經過一些預備試驗後，決定使用長四公分、寬五公分、高一公分的甘蔗纖維板，將每枚纖維板浸漬十公克的甲基丁香油與殺蟲劑混合液，再利用直昇機以一公頃兩枚的比率空投；同時爲了安全起見，住宅區及魚類養殖池附近，以一公頃四枚的比率懸吊纖維板於樹下。這種特製的纖維板，雖然可以維持至少兩個月的誘殺效果，但爲了盡快達成滅絕目的，每個月投下或懸掛一次新製作的誘殺板，結果成效顯著。

具體地說，一九七七年開始誘殺防治前，在一千個調查用誘引器中，一天捉到的雄蟲多達五、六千隻；但一年後的一九七八年，已減少到原來的十分之一；至一九八〇年，更減少到原來的千分之一，也就是不少誘引器已誘不到雄蟲了，換句話說，在一些地區的東方果實蠅已絕跡，而受害果率也降低到防治工作前的百分之一。從一九八一年四月後，不曾發現該蠅的受害果；到了一九八一年七月，全縣所有的誘引器已捉不到雄蟲；一九八二年四月六日，沖繩本島正式宣布東方果實蠅完全滅絕；一九八二年七月，即相當於東方果實蠅六個世代的期間，完全誘不到雄蟲。

至於沖繩本島以南的宮古、八重山群島，東方果實蠅的滅絕工作自一九八二年四月開始，經過與沖繩本島類似的情況，至一九八四年九月採到最後一隻雄蟲後，再也捉不到雄蟲了，一九八六年二月六日宮古、八重山群島宣布該蟲滅絕，至此東方果實蠅從整個沖繩縣絕跡。沖繩縣面積一千一百四十七平方公里（約台灣面積的二十五分之一），自開始防治至宣布該蠅滅絕的五年間，一共實施三十八次誘殺板的空投與懸掛，使用九百四十四萬六千枚誘殺板，動員人次約九萬一千人次，耗資高達十五億日圓。

用最單純的算法來看，台灣想滅絕東方果實蠅，至少需要二十五倍的經費，到底值不值得做這樣的防治，已超出本書討論的範圍。但針對滅雄法的應用，必須注意的是，遭誘殺的是具有多次交尾性的雄蟲，雌蟲則安然等待倖存的雄蟲交尾，若雄蟲數雖因誘殺，數量卻只是略爲減少，並不會影響雌蟲的產卵及爲害行爲。根據沖繩本島的調查，當誘殺雄蟲數減少到原來的百分之一時，被害果率才開始減少，這表示此時仍存活的雄蟲，已減少到無法與在野外的所有雌蟲交尾，因而出現未交尾且無法產卵的雌蟲。此後隨著被誘殺雄蟲數的減少，被害果率有急速降低的趨勢。因此，爲了讓滅雄法或大量誘殺法奏效，必須把雄蟲數減少到無法讓所有的雌蟲交尾才行。

不妊性雄蟲的釋放法

瓜實蠅的防治，是日本沖繩縣振興農業的另一重點。瓜實蠅的生活習性與東方果實蠅雷同，但在未找到如甲基丁香油那般強力的誘引物質前，對瓜實蠅的滅絕行動只能被迫採用另一種戰術，那就是「不妊性雄蟲釋放法」，即不孕性昆蟲技術（Sterile Insect Technique, SIT）。

就像過量放射線的照射對人體有害一樣，如此照射對昆蟲也有負面作用，尤其對生殖細胞的影響甚大。將羽化前兩天的瓜實蠅蛹，以7KR（Kilo Rhentogen）的伽瑪線（γ ray）照射時，對卵巢的衝擊比精巢還大，羽化後的雌蟲完全無法產卵；而雄蟲雖然還有交尾、射精的能力，但精液中的精子已產生突變，跟這種精子受精的卵細胞將無法孵化，這就是形同太監的不妊性雄蟲。

大量生產不妊性雄蟲後釋放於野外，此時在野外正常雌蟲與不妊性雄蟲交尾的機會必然不少，尤其釋放數超過田間正常雄蟲數十倍時，幾乎所有的雌蟲都與不妊性雄蟲交尾，而產下不能孵化的卵，從此出現使瓜實蠅滅絕的可能性。但在釋放工作前，需要估算該釋放多少不妊性雄蟲，並詳細調查田間活動的瓜實蠅雄蟲數，進而擬定務實的工作計劃，例如以週產一億隻以上爲目標，建蓋一座瓜實蠅大量飼養工場與不妊蟲處理設施，大小爲二層樓、總面積約四千平方公尺。

在此就以沖繩本島中南部的滅絕工作爲例說明，該地面積約七萬公頃。爲了節省所釋放的不妊性雄蟲數，專家在一九八六年五月至十一月，以化學誘引劑（克蠅Cuelure）進行誘殺，讓瓜實蠅密度降低到原來的二十分之一。自十二月開始，每週釋放一次不妊性雄蟲，雖然每次的釋放蟲數，依當時野外雄蟲的發生情形及被害果率而異，但多在一億隻以上，至一九八七年年底，大致完成沖繩本島中南部地區的瓜實蠅撲滅工作。自一九八八年一月開始，北部地區也經過大致相同的方法處理；至一九八九年六月，整個沖繩本島便已找不到瓜實蠅的被害果，到了七月調查用誘引器也捉不到野生的瓜實蠅。此後在八重山群島等其他島嶼陸續進行不妊性雄蟲的釋放。

從一九七五年的先驅性工作開始，至一九九二年，沖繩縣宣布完全滅絕瓜實蠅，其間投資的人力、物力、金額相當可觀，動員了三十一萬七千人次，累積處理面積達三千八百七十三萬三千公頃，釋放的不妊性雄蟲大約五百三十億隻，包括大量飼養工場等的建築費，總共耗費約一百七十億日圓。

利用不妊性雄蟲的害蟲防治，一直是某些專家很想挑戰或嘗試的工作，從上述的例子可窺知，要有緻密的基礎調查及具體詳實的規劃，防治工作才能成功，而這一切所耗費的金錢尤其驚人，超過以滅雄法滅絕東方果實蠅的十倍費用！台灣害蟲種類繁多，只爲了撲滅一種害蟲是否值得投下如此的人力、物力，這是必須要考慮的重點。另一點要考慮的是，此法只適用於速戰速決的短期作戰。因爲經不妊性處理後的害蟲，必須在小空間的養蟲箱飼養，若經過數年的飼養，牠們漸漸適應狹小的活動空間後，飛翔能力會趨於退化，釋放後便無法有效地尋找野生雌蟲而交尾。因此，在養蟲的過程中，飼養蟲的品質管理，是不容忽視的工作項目，但如何阻止飼養蟲改變習性，至今仍然沒有良好的對策。

長期飼養昆蟲時，通常會從野外採集些野生蟲與飼養蟲交尾，以確保後代維持原有的生活特性。但這種方法在不妊性雄蟲的釋放工作中是行不通的，因爲到了後期，田間已很少看到野生蟲，要捉到足夠讓飼養蟲群恢復或維持原有生活習性的野生蟲已很不容易，況且若是還能捉到多隻野生蟲，表示不妊性雄蟲釋放的成效不佳，反而該停止釋放工作。

日本沖繩縣能以不妊性雄蟲的釋放法獲得劃期性的成功，驚動全球昆蟲界，除了參與人員投入的心力外，其實這後面還牽涉到當地特有的地理、政治背景，而這也是任何一項害蟲防治工作能否順利推展的關鍵。

【結論】

再談性別

從本書介紹的一些昆蟲繁殖策略，即知雌蟲的繁殖效率遠低於雄蟲，其實這種現象不止於昆蟲，從動物影片中我們常可見到一隻公鹿帶著數隻或數十隻母鹿進行交配繁殖。參觀過養雞、養豬場的人都知道，農場中通常只養數隻公豬、公雞作為種源，配以數十隻或上百隻母豬或母雞進行繁殖。但包括人類及多數昆蟲在內的多種動物，性比大致為1:1。與前面的一隻雄性配上多隻雌性相比，這1:1的性比看來似乎浪費不少雄性，其實自有它的道理。

雌．雄性比為何是1:1？

翻開《金氏世界紀錄大全》，可以發現男性留下最多孩子的是中世紀的一位摩洛哥國王，共生了八百八十八個孩子；而女性生下最多後代的是十八世紀一位烏克蘭婦女，她在四十年間的二十七次懷孕中，生了十六對雙胞胎、七對三胞胎、四對四胞胎，一共生了六十九個孩子，這雖是令人咋舌的驚人記錄，但還不及多產男人的十分之一呢。由此推想，若是雌性遠多於雄性，說不定可以留下更多的後代。但是為什麼極大多數有雌、雄之別的動物性比還是1:1，為什麼不是雌多於雄呢？這是探討動物的繁殖策略時最基本的問題。在此就撇開昆蟲的主題，就整個以有性生殖繁殖的動物，探討其1:1性比的機制。

生物中最原始的生殖方法，就是微生物或原生動物等靠細胞分裂的無性生殖。經由這種方式生產的後代，完全與親體相同，對生活環境的變化也具有相同的應變能力，當環境變得不利時，牠們就陷入全軍覆沒的絕境。如果兩個生物體能夠交換部分染色體中的遺傳基因，就可以產生具有不同應變能力的後代，擴大對各種環境的適應性而存活於各種環境，所謂的有性生殖的起源及優點就在於此。因此，後來演化而出現的動物及植物都採用有性生殖的方式留下後代。

進行有性生殖時，必須有兩個生殖細胞相遇才行；若生物各自產生同型的生殖細胞，彼此相遇的機會或相遇受精後，完成發育的機會並不高，於是出現分工合作的現象；也就是一個生殖細胞犧牲了活動性，帶著供發育的充分營養留在原地，等待另一個生殖細胞來臨；另一個生殖細胞則只帶著供自己生存及活動時所需的少量養分，尋找合適的對象，進行受精，受精後，就靠對方提供的營養來發育。前者就是卵子（卵細胞），生產卵子的動物叫雌性；後者叫精子（精細胞），生產者就是雄性。兩個生殖細胞的兩性分工，大幅提高了受精率及日後受精卵的發育率，也達成將不同遺傳基因輸入後代的目的。

由於要形成卵子必需準備大量的營養，每隻雌性能夠生產的卵子相當有限；相反地，雄性爲了形成一個精子所需的營養投資很少，一隻雄性生產的精子數雖依動物種類而有很大的差異，但常多達上億個。例如一個男人光一次射精中的精子（生殖細胞）數就高達二〜五億之多，但一個女人一生所生產的卵子約四百個，結果就可能出現前述男女產生後代數的世界紀錄——888：69吧！從此亦知，爲何雄性象鼻海豹、鹿可擁有由幾十隻組成的一群雌性，並與牠們交尾、繁殖。如果性比並非1:1，而是雌性偏多，雌性將可獲得更多繁殖的機會，更有利於種群的繁榮，但現況卻不是這樣。

假定一隻雌性只能生下一定數目、且性比爲1:1的後代，而且生下的雌性或雄性後代所需的投資量相同，或者說雌雄後代的體型相同，當牠們受到某種原因影響或基因突變，而變成只產雌性後代或多產雌性後時，在牠們後代中多產雌性的基因會愈來愈多。此時就會產生另一個問題，由於雌性增加後，爲了爭奪少數的雄性交尾，必然有一番競爭，並出現一些無法與雄性交尾的雌性，如此將逐漸減緩產雌性基因的頻率，相對地提高產雄性基因的頻率，最後仍舊達到雌雄性比爲1:1的平衡點。類似情形也會出現於雄性多於雌性的時候。1:1的性比以較專業的用詞表示，就是最穩定而不容許其他特異性個體長期存活的穩定性比。

再來一次變男變女變變變

已知性別跟性染色體有關。人類及所有哺乳類的性染色體以X與Y表示，受精時由男女雙方提供染色體，組成XX時是女性，組成XY時是男性。但鳥類即相反，鳥類以Z與W表示染色體，形成ZZ同型染色體者爲雄性，形成ZW不同型爲雌性。昆蟲則由於種類多，依染色體決定性別的方式也富有變化，例如媒介嗜眠症的催催蠅，雄性爲XO型，雌型爲XXY型，其中Y不影響性別的決定，乃是以X性染色體的多寡來決定性別；但無論如何1:1的性別仍是穩定的性比。

但性別並非完全由性染色體來決定，部分動物的性別會受到孵化環境條件的影響，亦即後天性因子來決定性別，例如鱷魚、烏龜、蜥蜴等產卵於土中的爬蟲類。烏龜在高溫時孵化的都是雄性，在低溫時孵化的變成雌性；蜥蜴及鱷魚相反，高溫時孵化的是雄性，低溫時是雌性；但北美產的鱷龜（*Macrochelys temmincki*），不管在高溫或低溫時孵化都是雌性，在中間溫度孵化時才形成雄性。紅蠵龜（*Caretta caretta*）在攝氏二十八度以下孵化的都是雄性，在攝氏二十八度至三十度孵化時雌、雄各佔一半，然而超過三十度全都變成雌性。爲何如此？僅知溫度對性別的影響相當複雜，眞正的機制仍未揭開。

就雌龜而言，牠有多次產卵的習性，並無法預測產卵後各個場所的溫度變化，但在高溫時產下的卵發育快速，孵化成大型幼龜，而低溫下發育的卵只孵化成小型幼龜。通常大型幼龜發育爲能產更多卵的雌龜，有利於後代數的增加；但雄龜身體的大小對牠交尾次數的影響較小。由此可見，在龜類性別的決定上，後天性因子優先於性染色體的先天性因子。

動物的性別也不是全依先天性或後天性因子決定，決定後就不再改變，有些動物隨著環境的變化由雌性變成雄性，或由雄性變成雌性，雖然在昆蟲中沒有這樣的例子，但在其他節肢動物、環形動物的多毛類、軟體動物及魚類可以找出一些例子。

正如〈**生物界雌雄角色的扮演**〉（見12頁）中提過的，雌雄同體的生物在體內同時具備有雄性及雌性的功能，換句話說有時過著雄性的生活，有時又當雌性。例如屬於蓼科（Polygonaceae）植物的斑杖（*Polygonum cuspidatum*，又名虎杖）長大後是雌株，但幼株是只生產花粉的雄株，它的性轉換乃是受到地下莖養分含量的影響，養分豐富時翌年長大爲雌株，養分缺乏時仍維持雄株。

雖然這種轉換性別的動物種類不多，但奇怪的是，有些種類是先成爲雄性再變成雌性的「雄性先熟型」，有些是先成爲雌性再扮演雄性的「雌性先熟型」。無脊椎動物以雄性先熟型居多，例如棲息在多泥海灘、屬於軟體動物的一種鴨蛤（*Crepidula fornicata*），最大型的位在最下面，上面疊上好幾個鴨蛤，愈上面的愈小型。最下面、最大的是雌性，疊在上面的都是雄性；當最下面的雌蛤死亡時，緊接在上面的鴨蛤便急速發育成雌蛤。不少蝦類也有性轉換的現象，先扮演雄性，長大後才變成雌蝦。

魚類以「雌性先熟型」居多，例如以除污有名的魚醫生裂唇魚（*Labroides dimidiatus*），小時候是雌性，長大後變爲雄性。此外石斑魚、彈塗魚、鯛魚、鰈魚，甚至鱔魚類（*Anguilla* spp.）中，也有不少「雌性先熟型」的種類，但也有銀線小丑魚（*Amphiprion akallopisos*）、印度牛尾魚（*Platycephalus indicus*）、大眼牛尾魚（*Suggrundus meerdervoorti*）、纖鈷光魚（*Gonostoma gracile*）及虎鰻（*Gymnothorax* spp.）等雄性先熟型的魚類。

牠們爲何採用這種性轉換策略？雖然雄性的繁殖成功率取決於精子數，然而雌性卵子的生產量才是關鍵。由於卵子具有充分的營養且較大型，爲了讓卵順利發育，需要較多的營養、資源和時間，愈大型的雌性可生產更多的卵。換句話說，雌性的繁殖成功率隨著體型增大而上升。而雄性的體型與繁殖成功率的關係，依該種的尋偶、交配方式而異。當一隻雄性獨占數隻雌性，即屬於一雄多雌交配型時，雄性在擁有雌群前會與其他雄性決鬥，此時體大力壯的雄性必然佔上風，因此發育完成時，當雄性較妥當；有鑑於此，一些動物便先採用「雌性先熟型」的策略。例如屬於「雌性先熟型」的魚類，都是擁有雌群的一雄多雌型，不過當該群中的雄魚死亡時，或以人爲方法除去雄魚時，雌魚中體型最大的立刻開始變性，成爲雄魚，再經過兩個禮拜成爲眞性的雄魚。

但在隨機選擇交配對象的一雄一雌型交配機制中，雄性體型的大小對牠的繁殖成功率影響不大，雌性的繁殖成功率則依身體的大型化而增加，此時採用「雄性先熟型」較有利。例如銀線小丑魚是一雄一雌生活的魚類，體型較大的當雌性，次大的是具有繁殖功能的雄魚，旁邊還有一些體型較小、具備雌、雄兩性生殖器官的未成熟魚。此時和前面描述的情形一樣，當雌魚死亡或被除去時，雄魚就變成雌魚，而未成熟魚中體型最大者登上雄魚的位置，此後牠仍有變爲雌魚的機會。

雖然這些現象只是整個動物繁殖生活中的一小部分，但足以讓人領略動物的繁殖生活是多麼多彩多姿、充滿奧秘了，而這也是許多生物專家殫精竭力，探究生物性別之謎的動力。

【後記】

偷窺之後……

不知各位看完昆蟲A片的文字版後有什麼感想？

對靠蟲討過生活的我來說，看見昆蟲爲了在地球上立足，發展出多姿多樣的情色行爲，終至建立起如今的繁榮地位，無疑地也對牠們產生了敬畏之情。雖然昆蟲的情色行爲看似不及人類浪漫，雌雄間的協力、互動，甚至互相折磨、競爭或切磋技巧，都充滿了目的性——爲了擁有更多自己的後代；但藉由探討牠們採取的策略和手段，我們得以對自然世界有進一步的了解，並且獲得一些啓發。

昆蟲早在四億多年前就出現在地球上，牠們不斷在「嘗試錯誤」的考驗中，調整牠們的情色行爲，坦白說能留存至今的昆蟲都是生存的高手。例如從本書的〈領主與游俠——蜻蜓的求偶策略〉（見44頁）、〈蜻蜓的精子競爭〉（見148頁）、〈老謀深算的蜻蜓產卵策略〉（見168頁），我們可以看見蜻蜓如何順應環境變化，發展出多奇妙的繁殖策略。事實上，三億多年前的石炭紀初期，已有翅開展達六、七十公分的巨型蜻蜓（*Meganeura spp.*），牠們如何在巨型羊齒植物茂密的森林裡尋偶、交尾、產卵？這是很有意思的問題。想到兩隻巨型蜻蜓連結飛翔，宛若兩架模型飛機在做飛行表演的畫面，我就有種莫名的興奮。可惜從目前出土的化石，我們只能知道牠們的外部形態，如果將來有更完整的化石出土，相信應能勾勒出祖先型昆蟲的行爲機制及基本生活面貌，屆時有心人可以寫出一部精采的《情色昆蟲史》。

從生物學的立場來看，雌雄或男女是絕對不平等的，但彼此要尊重對方的立場、角色和功能。好比一輛車子的左右輪般，往左彎時右輪要轉得快些，右彎時左輪則要轉得較快，如果兩輪間沒有良好的協調，車子將無法正常行進。這種現象不止見於昆蟲的生活，也見於人類的世界，有時男人要負擔較大的責任，有時要倚賴女人才能完成工作，因此兩性之間應少談平等，在互相尊重的原則下分工，才能使我們的社會正常地延續下去。這是我觀察昆蟲情色行爲的一些心得。

由於個人能力有限，無法深入介紹昆蟲情色行爲的機制、繁衍策略及其對該物種、乃至整個自然界的影響，但我仍殷切盼望本書能帶出拋磚引玉的效果，誘發讀者以宏觀的眼界來檢視昆蟲的情色世界，進而思索人類的兩性關係。

在此要感謝爲拙書撰寫推薦序的國立台灣大學昆蟲學系系主任李後晶博士。李教授是昆蟲行爲學大師，不僅參與多項重要研究計畫，也致力於系務的推展，他在百忙之中答應我寫序的請託，使我備覺榮幸。也感謝爲拙書畫插圖的薛文蓉小姐，她畢業自台大昆蟲學研究所碩士班，有心於昆蟲圖繪的創作，誠屬難能可貴；她的圖讓拙書生色不少。最後，要感謝張碧員、游紫玲兩位小姐貼心的協助，徐偉先生細心的編排，沒有他們的付出，這本書是出不來的。

人蟲大戰

改寫人類歷史的蟲蟲危機

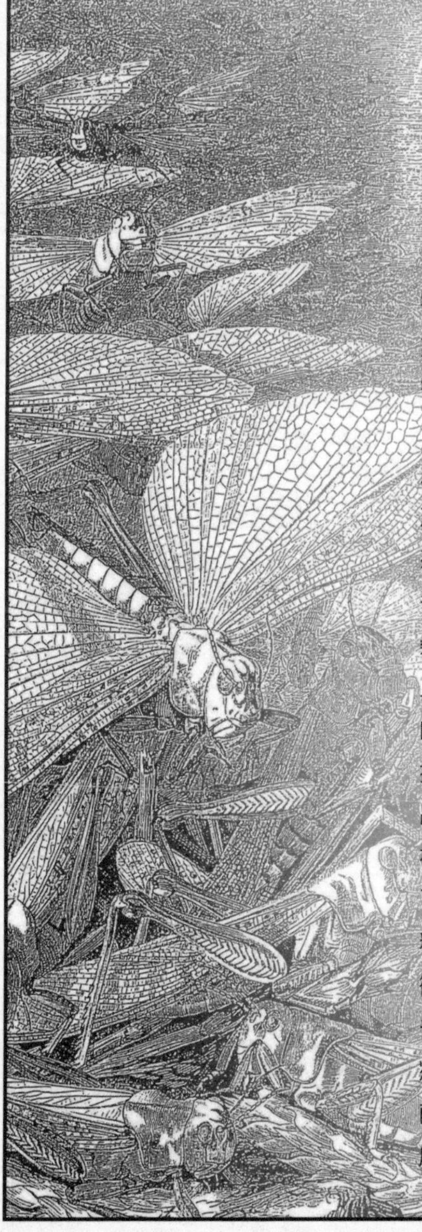

地球史上，昆蟲的出現已歷四億年，在牠們極度繁榮後，人類才姍姍來遲。後來者人類，為求立足，不免要與其他生物爭地盤，甚至開戰，而昆蟲正是人類的勁敵之一。打開人蟲戰爭史，人類曾經死傷慘重、節節敗退，昆蟲更數度改變了人類的歷史……。

一生與蟲作戰的朱耀沂教授，對「害蟲」與「蟲害」如數家珍，其學識淵博有如一座人蟲戰爭博物館。因此，本書可說是一位人類陣營的沙場老將，退役後，站在中立觀點，撰寫的一部人蟲大戰實錄。

本書細述與人類關係密切的害蟲百態、及人蟲間的恩怨情仇與戰略攻防。在廿世紀化學殺蟲劑還未出現之前，人類曾經窮於應付的一場場人蟲戰爭，如今看來卻也成了豐富的趣聞軼事。例如：現今人們使用的各種髮油、髮膠，乃源自於古埃及人為防蝨子，在頭髮上塗抹厚厚油脂。中世紀歐洲上流社會女士，脖子上常披著皮草圍巾，除了舒適美觀，還另有對付跳蚤的妙用。到了十八世紀初，德國醫生發明了可攜帶的捕蚤器，當作項鍊掛在胸前，可作為雕刻精美的裝飾品，蔚成時尚，甚受婦人們的愛用。此外，據說牛仔褲的藍色，當初是從藍草抽出的色素染的，目的是為了趨避蚊子，當然，現在的牛仔褲多用人工合成染料，早已失去避蚊作用。中世紀教會除了對付異教徒，對危害農業的害蟲也進行宗教審判，中南美洲許多國家的首都，當初都建立在高原上，就是為了逃避瘧疾的威脅……。在二十世紀有效殺蟲劑還未出現之前，人類窮於應付的一場場大小昆蟲戰爭，如今卻也成了豐富的趣聞軼事。

綠指環百聞館2

情色昆蟲記

昆蟲世界的愛情兵法

作者／朱耀沂
繪圖／薛文蓉
副總編輯／徐偉
主編／張碧員
特約編輯／游紫玲
美術設計／徐偉

發行人／何飛鵬
法律顧問／中天國際法律事務所 周奇杉律師
出版／商周出版
城邦文化事業股份有限公司
台北市中山區104民生東路二段141號9樓
電話：02-25007008 傳眞：02-25007759
E-mail：bwp.service@cite.com.tw

發行／英屬蓋曼群島商家庭傳媒股份有限公司城邦分公司
台北市中山區104民生東路二段141號2樓
客服服務專線：02-25007718；25007719
24小時傳眞專線：02-25001990；25001991
服務時間：週一至週五上午09:30–12:00；下午13:30–17:00
劃撥帳號：19863813；戶名：書虫股份有限公司
讀者服務信箱：service@readingclub.com.tw
網址：http://www.cite.com.tw

香港發行所／城邦（香港）出版集團有限公司
香港北角英皇道310號雲華大廈4/F,504室
電話：25086231 傳眞：25789337
馬新發行所／城邦（馬新）出版集團
Cite(M)Sdn.Bhd.(458372U)
11,Jalan 30D/146,Desa Tasik,Sungai Besi,57000,
Kuala Lumpur,Malaysia
電話：603-90563833 傳眞：603-90562833
E-mail：citekl@cite.com.tw

印刷／中原造像股份有限公司
總經銷／農學社
電話：02-29178022 傳眞：02-29156275

行政院新聞局北市業字第913號

2006年10月初版 定價280元
ISBN 978-986-124-755-7
Printed in Taiwan

國家圖書館出版品預行編目資料

情色昆蟲記／朱耀沂著；薛文蓉繪圖.
——初版.——臺北市：商周出版；
家庭傳媒城邦分公司發行，2006[民95]
面； 公分.——（綠指環百聞館：2）
ISBN 978-986-124-755-7（平裝）

1. 昆蟲學

387.7 95018371

商周出版

廣　告　回　函
北區郵政管理登記證
台北廣字第000791號
郵資已付◎免貼郵票

104 **台北市民生東路二段141號2樓**

英屬蓋曼群島商家庭傳媒股份有限公司城邦分公司

商周出版　收

(請沿虛線對摺)

商周出版

書號：BR7002　**書名：情色昆蟲記**

商周 綠指環讀友服務卡

嗨！很高興你閱讀這本商周出版的綠指環自然叢書，這張服務卡能傳達你的需要和期望，也能讓我們不時爲你提供綠指環的最新出版訊息，誠摯邀請你成爲綠指環的讀友，並感謝分享與指教。

姓名：____________________ 性別：□女 □男 民國______年生

地址：____

____

電話：______________________ 傳眞：__________________________

E-MAIL：____

你從何處知道本書？

□ 書店 □網路 □報紙 □廣播 □本公司書訊 □親友推薦

□其他____

你通常以何種方式購書？

□書店 □網路 □傳真訂購 □郵局劃撥 □其他______________

你喜歡哪些類別的自然產品？

□ 動物圖鑑 □植物圖鑑 □鳥類圖鑑 □自然文學 □自然生活

□ 人物傳記 □知識百科 □博物誌 □兒童繪本 □文具禮品

□其他____

對本書或綠指環書系的建議：

____